尽 善 尽  弗 求 弗

三十年后你的钱够花吗

阎志鹏 著

电子工业出版社
Publishing House of Electronics Industry
北京·BEIJING

图书在版编目（CIP）数据

三十年后你的钱够花吗 / 阎志鹏著. 一北京：电子工业出版社，2024.5
ISBN 978-7-121-47620-4

Ⅰ.①三… Ⅱ.①阎… Ⅲ.①养老－财务管理 Ⅳ.①TS976.15

中国国家版本馆CIP数据核字（2024）第066953号

责任编辑：黄益聪
印　　刷：三河市鑫金马印装有限公司
装　　订：三河市鑫金马印装有限公司
出版发行：电子工业出版社
　　　　　北京市海淀区万寿路 173 信箱　邮编：100036
开　　本：720×1000　1/16　印张：15.5　字数：216 千字
版　　次：2024 年 5 月第 1 版
印　　次：2025 年 3 月第 3 次印刷
定　　价：59.90 元

凡所购买电子工业出版社图书有缺损问题，请向购买书店调换。若书店售缺，请与本社发行部联系，联系及邮购电话：（010）88254888，88258888。

质量投诉请发邮件至zlts@phei.com.cn，盗版侵权举报请发邮件至dbqq@phei.com.cn。

本书咨询联系方式：（010）68161512，meidipub@phei.com.cn。

前　言

　　我在 45 岁前并没有太担心自己退休后钱是否够花。因为当时我是美国新泽西理工学院的终身教授 —— 这辈子只要我还能上课，我就能一直工作不退休，享受不低的收入和很不错的医疗保险，学校还额外提供高额的人寿保险。

　　不仅如此，我在 30 岁开始工作的时候，就拼命为养老投资。有两个原因：首先，多数美国人本科毕业就工作，而且一工作就通过 401(k) 账户（职业养老金）为养老投资。我觉得我在 30 岁才开始工作，相比 22 岁就工作的美国人来说，在养老金投资方面起步晚了，于是我不但投了 401(k)，还顶额投资了 403(b) 计划——美国针对公立学校和非营利组织提供的退休计划。也就是说，在美国法律许可的情况下，我在 30 岁开始为养老顶额投资了双份的钱。其次，由于教授的工作稳定，所以我选择投资高风险的金融资产——我的养老金 100% 投资了美国的股票指数基金。很幸运，在过去 10 多年，美国股市大盘在 2009 年 3 月探底后涨了 7 倍多，我的养老金账户资金也随之而涨。

　　由于种种原因，我在 45 岁的时候选择辞去美国的终身教职，回国加入了一家新成立的金融机构。但造化弄人，因新冠肺炎疫情、国内金融市场的变革、公司的重大变动，我仅工作了 1 年不到就失去了这份工作。面对魔幻的现实、不再确定的工作前景、两个尚未成年的孩子、年迈体弱的父母，我不得不担心并思考家庭未来的财务状况，包括自己的养老问题。

　　在这本书中，您会在海归教授申泰和财富专家智富身上看到我的身影。

我在 2023 年 5 月进入上海交通大学上海高级金融学院工作。通过我在高金开设的养老金融与规划课，以及平时和各个年龄层次的人交流，我发现太多年轻人根本没有考虑自己的养老问题，并缺乏基本的认知——国家提供的基本养老金只能保"基本"，我们的预期寿命比我们的父辈长很多，越早为养老做准备今后就越轻松。

我在书中设计了三个年龄阶段的人物：25 岁的月光族雅琪，35 岁的创业失败者子安和 45 岁的申泰。他们在财务方面各有各的问题，但都对养老问题缺乏足够的认识和准备。我想通过这些人物和智富的对话来回答"30 年后你的钱够花吗"这个问题。

谨以此书献给我的家人，谢谢你们对我一直以来的支持！

阎志鹏

目　　录

第一章

25 岁、35 岁、45 岁人的财务困境

12 月 31 日，45 岁的博士失业了

今天是 2023 年 12 月 31 日，也是申泰失业的第一天。

这一年很魔幻，对 45 岁的申泰而言，尤为魔幻。站在公寓的北阳台上，看着不远处沪闵高架路上川流不息的车辆，申泰一边抽着香烟，一边喃喃自语道："过去的一年究竟发生了什么？我究竟哪里做错了？"这几天，申泰经常站在阳台上，边抽烟，边反思。

从小到大，申泰就是"别人家的孩子"——上的是家乡最好的高中，考入的是中国顶尖的理工科大学，大学四年后又继续攻读了本校的硕士。硕士毕业后，申泰先在一家证券公司找了份令人羡慕的工作，两年后就拿了全额奖学金到美国攻读计算机博士学位。博士毕业后，申泰在华尔街一家对冲基金公司短暂工作一年多后，就一直在美国一所研究型大学工作，从助理教授做起，到副教授，再到正教授，并成为数据科学领域的专家。可以说，如果他愿意，他这辈子可以完全躺平了：拿着不低的薪水，顶着让人羡慕的头衔，一周只要上两次课就可以，外加一年有几个月的寒暑假，还不用担心饭碗是否保得住的问题。但是，申泰偏偏是那种不愿躺平、好折腾的人。

十个月前，申泰决定辞去大学教职，回国加入上海一家刚成立不久

的资产管理公司。很多人都不解："为什么要放弃这么好、这么稳定的工作？""为父母、为理想。"申泰的回答简单而直接。

自从17岁读大学以来，申泰很少有时间回家乡。如今父亲80岁，母亲也75岁了，身体状况都欠佳。特别是在两年前，母亲因遭遇金融诈骗，导致大半辈子的积蓄化为乌有，这对父母身心的打击都是巨大的。作为家里唯一的儿子，申泰心里很愧疚，想在二老有生之年多陪伴他们、照顾他们。

另外，作为一名数据专家，申泰一直热衷于利用数据科学做好投资者教育和保护。申泰相信在公司的平台上，他在推动公司业务发展、为投资者设计优质产品的同时，能够实现他的抱负——利用数据科学赋能中小投资者。

总之，不愿躺平的申泰在3月正式辞去美国大学的职位，来到了上海。

也许是造化弄人，到了上海不久，股市和债市出现大幅回落，严重影响了新公司各条线业务的开展。由于投资者避险情绪浓厚，导致公司不少产品的发行计划被迫取消或一再延期，公司人员和战略也随之发生重大调整。没过过久，申泰就被告知，因公司业务发生调整，公司将不再设置相关岗位，他在公司的最后一个工作日是12月30日，公司会支付三个月工资作为离职补偿。

细想起来，在公司的九个月，申泰总感觉是在失去重力的太空舱里度过的，仿佛全身有很多力气，一出手却打在一团棉花上。现在工作没了，虽然申泰对自己有信心，但毕竟目前经济不景气，能否在短期内找到适合的工作是个问号。

更糟糕的是，申泰居然没有想到为自己买人寿保险和商业医疗保险。在当教授的时候，美国的大学提供了保额为3.5倍年薪的人寿保险，医疗保险也是一流的。在公司工作的时候，公司帮员工购买了保额为500万元人民币的定期人寿保险和额外的商业医疗保险。申泰由于特别自信，认为在公司可以一直干下去，就压根没想到自己要购买保险。但离职后，这份由公司购买的商业保险便不再续保了。

屋漏偏逢连夜雨。申泰在 12 月做了各项身体检查。不查不要紧，一查全身都是病。申泰发现自己有神经性颈椎病，需要做理疗，因感染而导致的间歇性咳嗽也需要服药治疗，同时还有高血脂。万一在失业期间有突发疾病，他该怎么办？

本来申泰的"完美"计划是，今年在上海站稳脚跟后，来年就将太太和两个孩子都接到上海，把孩子送到国际学校上学。现在，他不但没能站稳，连工作都没了。如果不能在短时间内找到工作，孩子的教育怎么办？万一父母有重大疾病，该怎么办？

另外，几年前在房市牛市的年份，他在上海贷款买了一套房，当时付了五成首付。现在虽然房价上涨了不少，但有价无市，申泰每个月要支付 25000 元的房贷，月供的大部分是银行利息。因此，虽然申泰一家目前还有几十万元的存款，但为了应付每月高额的房贷，这些钱他动都不敢动。申泰算了一下，自从买了这套房子后，这些年支付的利息已近 100 万元人民币了。

明天就是元旦了。过多地埋怨市场、他人或自己都于事无补。关键是下一步该怎么办——孩子的教育、父母的赡养、自己和太太的养老、每月巨额房贷的支付、突发事件的应对……

和智富谈困境

"喂，是智富吗？我是老同学申泰啊！你现在有空聊两句吗？"申泰将手中的烟掐灭，拨打了高中同学智富的电话。申泰觉得与其一个人站在阳台上抽闷烟，还不如请教专家如何走出困境。和申泰不一样，智富高考时没考好，上的是一般性的财经类院校，大学毕业后就一直在上海的一家银行工作，踏踏实实地从支行的收银员做起。工作 25 年，智富几乎做遍了银行各个岗位，现在是这家银行总部私人银行部的负责人。

"我是智富啊！申泰，好久没有联系了！大半年前在同学群里看到你放弃美国大学的终身教职，回到国内来发展，很是佩服你的勇气啊！可惜由于大家都很忙，同学们一直没能为你接风。"

"接什么风啊！我没工作了！现在郁闷着呢！想请教老同学下一步如何走。"

"啊？！怎么回事？"智富不解地问道。

申泰接着将 3 月入职以来发生的事情一五一十地和智富说了一遍。

"老同学，你不要有太大压力，在业界换工作是很正常的事情。走出自己的舒适圈，去探索、去尝试很值得称赞。你的老本行是做科研，你很清楚探索和尝试很可能会碰到挫折甚至是失败，"智富安慰申泰道，"今年的股市和债市确实很魔幻。对你来说，更是魔幻：不但从学术界跳到业界，而且是从美国跳到中国，从事的是有中国特色的资产管理业务。虽然你的专长——大数据——在资产管理业有着深而广的应用前景，但毕竟你没有在国内实实在在管过产品。新公司刚成立一年多，公司人员和战略都发生了重大转变。更不巧的是，今年全球股市一地鸡毛，绝大多数金融机构的业绩都很难看，我们银行销售的不少理财产品的业绩也很糟糕。这些，我相信，不但你在一年前应聘时没有想到，而且当初面试你的那些公司高管也未曾预料到。

"老同学，在找工作方面，我可能帮不上大忙。但我相信凭着你的资历，你会很快找到不错的工作。公司不是给你三个月工资作为补偿金吗？我建议你利用这三个月，在将身体养好的同时，好好思考一下下一步如何走：如何平衡职业发展和照顾家庭，以及赡养年迈的父母和抚养年幼的孩子之间可能的冲突。

"在财务规划和为养老做好准备方面，我相信我可以帮上忙。听到你工作没了，我虽惊讶，但不是很担心。因为，这只是暂时的。但是，听到你背负着很大一笔房贷，自己没有购买人寿保险，上有身体欠佳的父母，下有两个学龄孩子这些情况，我还是蛮担忧的。我今年46岁了。你早一年上学，现在也有45岁了。自己和太太的养老问题、父母的赡养、子女上大学、结婚甚至购房……针对这些，如果你还没有做好充分准备和规划，那是不小的问题。"

"你说得太对了，智富！我虽然对现状有诸多不解甚至恼怒，但这已是过去式。我更为恼怒的是为什么自己没有尽早地做好这些规划。我虽然在金融机构做过，了解一些基本金融知识，并分析过大量的金融数据，但在财务规划和财富管理方面却并非专家。你能在这方面帮帮我吗？我太需要像你这样的财富管理专家的指点了！"

"哈，专家谈不上，但为了老同学，我会知无不言，言无不尽。今天是岁末，你如果有空，就到我家来吃晚饭吧！正好我的侄女和小区一位邻居在我家，他们也想听听新的一年里如何做好财务规划，特别是如何为养老做好准备。家里的阿姨做了很多好菜。我们几个坐下来边吃边聊，同时做好未来的规划，一同迎接新年！"

"太好了！我有空啊！快将你家的位置给我，我这就过来！"

人活着，钱还有

"快进来，快进来！"智富喜悦地将数年未见的申泰迎进了家。

"我这里还有另外两位客人。我先来介绍一下，这位年轻漂亮的女士是我的亲侄女，雅琪。去年硕士毕业后，就在陆家嘴金融中心的一家律所工作。边上的帅哥是小区邻居，子安，我们是马拉松跑友，经常一起跑步。你别看他姓名里有个'安'字，其实，他一点都不'安分'，才35岁，就创业两次了。

"雅琪，子安，这位就是我刚才和你们说起的老同学——申泰博士。

他之前一直在美国的一所大学当计算机教授。今年 3 月，他全职加入了上海的一家金融机构。"智富先将三位客人互相介绍了一下。

在寒暄了几句后，智富建议，"现在才 5 点多，阿姨还在准备晚饭。我们不如先聊聊各自的养老和长期财务规划问题？女士优先，雅琪你先来！"

25 岁的月光族

"好啊！我是去年开始工作的。我算运气好，找到的这家律所是国内很不错的律所，月收入税前 2 万元。今年公司业务很差，年终奖如果能有一个月工资就谢天谢地了。说来惭愧，工作了一年半了，基本就是个月光族，现在银行账户里只有 8000 元左右，没有其他任何投资或存款。上半年，我参加了公司组织的一次理财讲座，听完后觉得虽然做好财务规划、尽早为养老做准备很重要，但那离自己太遥远。我一个刚工作一年多的理财小白、一个月光族，现在能做好什么规划呢？但那次理财讲座还是让我对投资产生了兴趣。几个月前，在一个朋友的建议下，我向爸爸妈妈借了 10 万元'抄底'了一只股票，结果'抄'在了半山腰，到现在亏了 25%。唉！最近几个月和爸妈视频，我都不敢提投资股票的事。老叔，您千万别和我爸妈提这事！"

"好的，我不提。"智富对着他的侄女笑了笑。

35 岁的创业失败者

"我来谈谈我的境况吧！"子安接过话茬。

"我是上海本地人。大学毕业后，在一家大型国企做了五年的销售。之后就自己做生意，先是和几个同学合伙开了家贸易公司，后来自己单干，做一家国外环保设备公司的二级代理。这个又做了五年，太累，整天要吃饭喝酒。三年前，我决定退出，投资开了一家健身房。但时运不济加上没有运营经验，不但原来的投资款打水漂儿了，现在还欠外债 20

万元，月息 1%，还有 10 个月到期。幸运的是，六年前，在父母的帮助下，在这个不错的小区全款买了套两室一厅的房子。我太太还有三个月就要生孩子了。过两年，还想生老二，现在这套房子肯定不够住。你们也都知道，上海好地段、好学区的房子有多贵！唉！还有，我爸妈这两年也都退休了，收入一下子少了很多。他们现在身体还很好，特别喜欢旅游，估计他们的收入正好够他们日常生活和游玩的。但再过十来年，等他们身体不好了，走不动了，照顾好他们的责任就落在我身上了。他们在六年前将一辈子的积蓄给我，帮我买了套房子，作为独子，他们的养老只能由我来负责。到那时，我的孩子才十来岁，哎！压力好大啊！"

"明天就是元旦了，你和雅琪不要唉声叹气的。相信明天会更好！"智富安慰道，"申泰，在你过来前，我就将你的情况大体和他们两位说了一下。找工作的事情，我觉得你不用太担心，相信你会很快找到。你现在主要要担心的是：每个月都要支付的高额房贷、没有足够的资金赡养父母和应对孩子可能的高昂学费，以及自己和太太的养老问题。我总结得对吗？"

"不愧为财富专家，智富，你总结得太对了！"申泰感叹道！

养老规划的目标

"谢谢老同学"，智富谦虚地回答道，"其实无论是养老规划，还是其他规划或是财富管理都不复杂，只要想做，并能长期坚持，就很有可能做到日常财务健康，最终达到财富自由、养老无忧。你们三人的情况各有不同，今天不可能一一细讲，只能聊一些基本框架。我先问问：你们清楚养老规划的目标是什么吗？"

"其实很简单"，智富自问自答道，"**一句话概括就是——人活着，钱还有！而且，这个'活'是优雅、健康地'活'；这个'有'是富足地'拥有'，而不是今天有了，却要担心明天有没有。**如果用两句话来描述就是：**第一，对基本生活需求，如日常的衣食住行、人身和财产的安全，天塌下来都必须有最大限度的保障，不应因突发事项，如暂时失业、重大疾病等，而无法有尊严地生活下去；第二，对养老以及在向养老迈进的人生旅途中所面对的子女教育、购房、赡养老人等重要的中长期财务目标，要能做到有很高的确信度实现，没有大意外**。比如，你 60 岁退休的时候准备了 20 年的养老钱，但你实际活到了 100 岁。不难想象，你人生的最后 20 年的生活将会很困难。"

预期寿命的下限——百岁

"在过去 100 多年，人类的预期寿命平均每 10 年增长 2～3 岁。如今，一个出生在发达国家的孩子有至少 50% 的概率活到 105 岁。伦敦商学院两位教授琳达·格拉顿 (Lynda Gratton) 和安德鲁·斯科特 (Andrew Scott) 在《百岁人生：长寿时代的生活和工作》一书中指出，预期寿命在过去的大幅增长得益于婴儿死亡率的下降和中老年慢性疾病问题（特别是心血管疾病和癌症）的改善；而预期寿命在未来的大幅增长将得益于老年疾病问题的解决。

"1960 年，美国 90 岁老人的死亡概率为 23.3%，到 2020 年，此概率已下降到 16.6%。在香港地区，1990 年，90 岁老人的死亡概率为 17.4%。到 2020 年，死亡概率下降了近一半，只有 8.9%。

"据新华社和京报网的数据，1949 年我国人口的平均预期寿命仅为 35 岁；2011 年，人均预期寿命达到 74.8 岁；到 2021 年，达到 78.2 岁；预计到 2035 年，中国人的预期寿命或将增长到 81.3 岁。[1]"

"不好意思，我插一句。"申泰举了下手说道，"你说的 2021 年中国人的预期寿命为 78.2 岁，这个数字应该是按照'现时寿命表'（period

---

1 Bai, Ruhai, Yunning Liu, Lei Zhang, Wanyue Dong, Zhenggang Bai, and Maigeng Zhou. "Projections of future life expectancy in China up to 2035: a modelling study." *The Lancet Public Health* (2023).

life tables）计算得来的。我之前曾分析过一些国家的人口出生和死亡数据。另一种计算预期寿命的方法是依据'定群寿命表'（cohort life tables) 来计算。两者的计算结果可以相差很大。我今年45岁。你相信一个今天出生的婴儿，45岁时的预期寿命会和我的预期寿命一样吗？还是相信未来的科技会让45年后的他拥有更长的预期寿命呢？如果我们假设前者，得出的预期寿命就是现时寿命估计；如果我们相信当婴儿到了45岁时会受益于科技进步和公共卫生管理的创新，使预期寿命得以延长，那得出的预期寿命就是定群寿命估计。很显然，基于定群寿命表的预期寿命要高。我插话的原因是想指出，2021年出生的中国婴儿的未来实际平均寿命很可能要远高于现在估算的数字——78.2岁。"

"老同学，你这话插得太好了，不愧为数据专家！今后技术性的话题都交给你来讲解。确实，环顾全球，我们看到的数字和目前很多经济评估，大多是基于现时寿命表计算的，而这些数字会低于定群寿命表的预期。从宏观角度来看，这意味着未来在公共养老金方面的支出很可能被低估；从微观角度来看，个人可能因受这些数字的影响而低估自己未来的寿命，从而未能为养老做好更充足的准备。

"我不清楚我们在座的各位能否活到100岁，但我坚信我们会比我们的父辈活得更久、更幸福。雅琪这代人有大概率能够活到100岁，子安这代人能活到98岁左右，申泰和我这代人则能活到95岁左右。根据中国人口与发展研究中心的预测，到2050年，我国80岁以上的老人数量将会翻两番，也就是说，我们中国现在已经进入了长寿时代。

"应对百岁人生，不但政府需要改变思路，做好战略部署，我们个人更需要转变观念，做好规划。毕竟，自己的人生最终还是要自己来负责。在2003年，两位学者做了一项很有意思的研究[1]。他们向两组人——

---

[1] Fung, Helene H., and Laura L. Carstensen."Sending memorable messages to the old: age differences in preferences and memory for advertisements." *Journal of Personality and Social Psychology* 85, no.1(2003): 163.

一组老年人，一组年轻人——展示了两则一款新相机的广告。两则广告都包含了同样可爱的小鸟图片，但广告语不一样。一则的广告语为'捕捉那些特别时刻'，另一则的广告语为'捕捉未探索的世界'。两组人被要求选出他们喜欢的广告。结果，老年人更多地选择了关于特殊时刻的广告，而年轻人更多地选择了有关未探索世界的广告。但是，当另一组老年人参加同样的实验前，研究人员做了个'小动作'。他们先请参与者想象：由于医学的进步，人们能够比预想的多活20年，而且是健康地多活20年。在这样的假设环境下，这组老人更多地选择了'捕捉未探索的世界'。

"这项研究揭示了一个基本的事实：我们对寿命的预期决定了我们怎么看待人生。如果我们认为我们在这个世上还有很多时间，我们会更多地考虑未来；如果我们认为自己在世上的时间不多了，我们则会努力享受当下。

"如果我们知道自己的寿命要比原先预想的要长得多，知道有较大概率能够活到百岁，那我们之前所做的有关职业、家庭和养老的规划都要推翻重来。"

25 岁就考虑养老会不会太早

"如果我有大概率能活到实际年龄100多岁，好是好，但我有两个问题。"雅琪说道，"第一，我才25岁，刚刚工作不久，基本就是月光族，现在就考虑养老问题会不会太早啦？第二，假设我真能活到100岁，而我60岁退休，即使我从现在开始存钱，也只有35年时间，而退休时间会有40年，甚至更长。我怎么才能无忧养老呢，老叔？"

"雅琪，你的这两个问题都非常好，也是我在和年轻朋友打交道过程中经常会被问到的问题。我记得美国财富管理专家大卫·巴赫（David Bach）在《聪明的女人最终富有》（*Smart Women Finish Rich*）一书中讲过这么一个故事：有次在为100多位女性做财务培训时，一位叫劳伦的 20 多岁的学员站起来问巴赫：'大卫，我想我是这里最年轻的女性，我不确定我是否属于这里，但我知道我需要开始为退休做规划，我不知道该怎么办。'巴赫对劳伦笑了笑，然后问所有人：'在座的女士中有多少人希望 20 年前就上过这样的课呢？'教室里的每一个人都举起了手。巴赫看着劳伦说，'在我看来，你是在正确的时间来到了正确的地方。'

"你刚才也说过，做好财务规划，尽早为养老做准备很重要。其实，虽然养老离你还比较遥远，**但财富增长和宏观的经济发展、微观的个人成长一样，都需要时间的锤炼。我们越早投资，投资的时间就越长，为养老所做的准备就越充分。**这一点，在长寿时代尤为重要。你在我们这几个人当中最年轻，如果从现在开始为养老做准备，你的养老生活一定会比我们其他人要轻松很多。

"另外，我始终认为'钱就如海绵里的水'，只要我们愿意，就一定能够多存钱、多投资。是否有钱投资往往是个人的意愿问题，而不是钱多钱少的问题。石油大王约翰·洛克菲勒出身贫穷人家，他 16 岁就开始工作，18 岁创办自己的合伙企业。他在工作生涯前三年的年工资分别只有 300 美元、500 美元和 600 美元的情况下，在 2 年多一点的时间内存了 800 美元。可以说如果没有省吃俭用存下来的这 800 美元[1]，洛克菲勒很可能就没有足够的资金创业，也很可能就不会成为后来的世界第一富豪！我等会儿会详细讨论如何做到有钱投资这个话题。"

王大和王二的故事（一）：养老要从娃娃抓起

"我举一个例子来说明尽早为养老做准备的好处。王大和王二是双胞胎兄弟。王大从 15 岁开始每个月投资 1000 元在股票基金上，投资了 10 年。10 年后，25 岁的王大决定不再投资，但资金仍留在基金账户里，一

---

1 数字出自荣·切尔诺的《工商巨子：洛克菲勒传》（*Titan: The Life of John D. Rockefelle*）一书。

直到他 65 岁退休。在 15～24 岁这 10 年间，王大总计投资了 12 万元。

"王二从 25 岁开始投资，和他哥哥一样，也是每个月投资 1000 元在同样的股票基金上。和哥哥不一样的是，王二一直投资到 65 岁退休。在 25～64 岁这 40 年间，王二总计投资了 48 万元。

"假设股票基金的年化收益率为 8%，你们猜猜在他们 65 岁退休时，谁的基金账户里的资金多，王大还是王二？"

"那还用说，王二呗！"雅琪抢答道。

"我也认为是王二，王大投了 12 万元，王二投了 48 万元，应该到最后王二账户里的钱多。"子安说。

"我觉得是王大。"申泰有不同意见。

"还是申博士牛！"智富称赞道，"王大在 15～24 岁期间，每月投资 1000 元，按照 8% 的年化收益率，在 25 岁的时候，账户里本金加投资收益总计有 18.3 万元，在这之后的 40 年期间，18.3 万元仍旧按照 8% 的收益率增长，最终达到 444 万元。反观王二，在 25～64 岁期间，同样每月投资 1000 元，投了 40 年，在 65 岁退休时，账户里只有 349 万元！下面这张图可以体现王大和王二 40 年财富积累的趋势。"

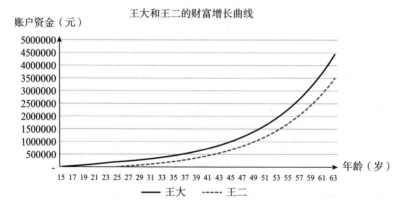

"这个例子很好地说明了在长期投资中复利的魔力！"申泰说道。

"申博士说得太对了，晚上有时间请申博士帮大家讲讲复利的魔力。

我的两个小孩一出生，我就帮他们开了投资账户。每年都将他们的压岁钱投到了指数基金上，相信到他们成年的时候，这也会是一笔不小的财富。金融学学者金李教授认为：'财富管理和养老型的财富储存要从娃娃抓起，越是年轻的人越需要提前做好安排。通过时间，利用复利的力量，我们最初存下的一笔小小的财富可以不断地积累，这些财富在我们的老年生活中会产生出巨大的价值。'[1] 我很认同这样的观点。"智富接着说。

不得不启航的中国个人养老金制度

"既然我们提到存钱养老，先打个岔，今天是本年度的最后一天，你们都开设个人养老金账户了吗？过了今天，今年可用投资额度就作废了。"

"什么？听都没听过！这个和我爸妈每个月领的退休金有什么区别？"子安不解地问。

"我倒是听过，但我没有开。"雅琪说。

"我开了"，申泰说，"几个礼拜前，一家银行到我们公司做宣传，现场帮助开户，开户的还有 70 元的现金奖励。基本所有同事都开了。听宣传人员说，通过个人养老金账户投资不但有税收优惠，而且费率也很优惠。我就当场开户了，并转了政策允许的年度最高投资额度 1.2 万元进了这个账户。"

"很棒！老同学"，智富竖着大拇指对申泰说，"你做出了正确的决定！其实通过个人养老金账户投资，除税收优惠和费率优惠外，还有另一个好处。那就是，监管部门对养老产品和提供养老产品的机构实施的是准入制。这相当于监管层已经帮投资者做了初步筛选。"

他接着转向雅琪和子安："你们现在赶快拿出手机，打开你们常用银行的 App，找到个人养老金账户入口，立刻开户。同时，留意一下现在开户银行是否还给红包。等你们开好户后，我再和你们解释一下这个账

---

1 金李的《财富管理和养老型的财富储存要从娃娃抓起》一文，发表于北京大学国家金融研究中心网站。

户是什么，还有为什么我国要推出个人养老金制度。"

手机开户很方便。两人在几分钟内都搞定了。而且，只要他们转入该账户1元钱以上，他们就可以获得银行给的50元开户红包。

看到两人都开好户后，智富对雅琪说："雅琪，你银行里不是还有8000元左右的资金吗？现在就都转入刚开设的个人养老金账户。过了今晚，你今年的可投资额度就作废了。相信你老叔！"

"听您的，叔叔！下个月饭钱不够的话，我就到您家蹭饭。"雅琪调皮地说。

智富接着对你子安说："子安，你还欠债20万元，你就转1元钱，这样就能拿到50元的开户红包。1元钱你总有吧？"

"有的，智富。我现在就转。"子安有点尴尬地笑了笑。

看到两人都转好钱后，智富吃了块苹果，歇了口气后接着说："看来你们对关乎自身的养老都不熟悉，这怎么能做到'人活着，钱还有'呢？我还是先花几分钟讲讲中国的养老金体制。

"在中国，大家常说的养老金，叫'公共养老金'，又称国家基本养老金，是养老的'第一支柱'。子安，你爸妈每个月领的退休金应该就是公共养老金。公共养老金的运营由政府主导，采取社会统筹与个人账户相结合的模式，政府负有最终兜底责任，目标是确保国民基本养老安全。资金主要来自雇主和在职员工的缴费。

"养老的'第二支柱'叫'职业养老金'，为补充养老金。这个由雇主主导，由雇主和员工共同缴费，政府提供税收优惠。职业养老金在中国的覆盖率低，目前只有7200万的国民享受职业养老金，主要是大型企业员工、机关事业单位员工（分别称企业年金和职业年金）。我们银行是提供企业年金的。我想你们三人都没有。对不起，我在'拉仇恨'了！"智富笑道。

"我在美国的401(k)账户就是职业养老金账户，"申泰插话道，"我之前所在的美国大学在每次发工资的同时向这个账户投入我税前工资的

8%，我个人投入5%。这相当于我每个月将收入的13%投入到自己的401(k)账户。我们大学提供了十来个高度分散的指数基金供我们投资，我主要购买了代表美国大盘的标准普尔500指数基金。这些年下来，虽然今年股市大跌了，但我的账户里还是积累了不少养老金的。具体金额我就不说了，我也不'拉仇恨'了！"

"谢谢申泰的分享，我接着说。养老的'第三支柱'就是'个人养老金'。2022年11月4日，人力资源和社会保障部（以下简称"人社部"）等五部门联合下发《个人养老金实施办法》，标志着个人养老金制度正式在我国落地。个人养老金是指政府政策支持、个人自愿参加、市场化运营、实现养老保险补充功能的制度。个人养老金实行个人账户制，缴费完全由参加人个人承担，自主选择购买符合规定的储蓄存款、理财产品、商业养老保险、公募基金等金融产品，实行完全积累，按照国家有关规定享受税收优惠政策。

"刚才雅琪和子安开设的就是个人养老金账户。你们可以通过该账户购买不同的个人养老金产品。具体如何投资，我们今后找机会再聊。

"低出生率叠加寿命延长导致老龄人口比例不断上升。我国60岁及以上人口占总人口的比例从1953年的7.32%上升到了2021年的18.90%；65岁及以上人口占总人口的比例由1953年的4.41%上升到了2021年的14.20%。

"国际上通常把60岁及以上人口比例达到10%，或65岁及以上人口比例达到7%的社会称为老龄化社会。纵观历史，发达国家一般都是在成为高收入国家以后才开始进入老龄化社会的。而中国在刚刚跨入中等收入国家行列时就进入了老龄化社会，所以我们要面对的挑战也更大。

"低出生率叠加寿命延长还意味着潜在劳动力会比即将退休的人要少。这个趋势一直延续下去的结果就是国家从未来劳动力人口身上征收的养老金相关税收的减少，但养老金支出却不得不增加。根据中国保险行业协会在2020年发布的报告，在2025—2030年，中国预计会有8万亿～10 万亿元的养老金缺口，而且这个缺口会随着时间的推移进一步扩大[1]。"

"对于个人而言，我们的养老面临两大问题。

"**首先，我们退休时领取的养老金相对退休前工资收入水平（两者的比率称为'养老金替代率'）会较低，而且预计会越来越低。**在过去 20 多年，我国城镇职工基本养老金替代率从 20 世纪 90 年代末的超过 75% 下降到了 2021 年的不到 40%[2]。按照国际劳工组织《社会保障最低标准公约》，55% 是养老金替代率的警戒线，合理水平为 60% 左右，而优雅养老则为 70% 以上。

"**其次，我们的预期寿命会越来越长。**这点我刚才已经说了。到 2021 年，我们的预期寿命达到了 78.2 岁，男性平均为 75.5 岁，女性为 81.2 岁[3]。而且这些数字是基于现时寿命表的预期值。我们的定群预期寿命大概率要高于这些数字。

"我们多数中国人未能为养老做好充分准备。富兰克林·邓普顿的调查发现，**61% 的受访者表示他们没有开始为退休进行储蓄，而 52% 的受访者认为他们现时的储蓄节奏尚未能够配合未来的退休计划。对于那些已经开始着手准备的受访者，只有 5% 的受访者认为他们可以随时退休。**

"曾任中国人民银行行长的周小川在 2023 年也指出：'中国的一个现实情况就是人口多，同时养老金面不断扩大。总体来讲，由于老龄化，养老金资金池很容易有缺口。这种情况下，国家统筹安排的养老金是保基本，不会太高，或者说比较大的缺口会较大程度依靠个人养老金加以补充……**未来国家统筹养老金的水平是比较基本的，需要个人账户养老金加以支持配合，才能使养老保障达到更满意的水平。**'

"不好意思，我啰啰唆唆讲得太多了！但弄清楚这个问题对于我们

---

1 2020 年 11 月 20 日，中国保险行业协会发布了《中国养老金第三支柱研究报告》。
2 数据来源：国家统计局、人社部。
3 数据来源：联合国《世界人口展望 2022》(*World Population Prospects 2022*)。

的养老规划很关键。我们只有知道退休时能够领取的基本养老金大概是多少，基本养老金和我们想要过的理想养老生活所需的财富有多少差距，以及我们预期能活多久，我们才能做好养老规划。我看阿姨已经将饭菜准备好了，我们入座吧！为了不影响大家的食欲，我先讲个轻松的故事！"

捐了 600 万美元的加油站服务员

"来来来，我们先干一杯！告别这魔幻的一年，祝愿大家在新年里，身体健康，万事如意，向财富自由、无忧养老迈向坚实的一步！"智富随后仰脖喝完杯中的香槟。

"干！"

"干！"

"干！"

申泰、雅琪和子安也都干了杯中酒。

"大家快吃菜！趁着我还清醒，我想讲个平凡人的故事。在我眼中，这个人虽平凡但很伟大。我们能从他身上学到做好养老规划和财富管理的几个主要原则。他的名字叫罗纳德·里德 (Ronald Reed)。我敢打赌你们都没有听说过这个人。"

"没有！"

"我也没有！"

"我也没有！"

"我就知道"，智富有点得意地说，

"罗纳德·里德 1921 年 10 月出生在美国

罗纳德·里德（来源：wikipedia）

东北部佛蒙特州的一个贫困的农民家庭。读高中时，他每天需要步行或搭便车 4 英里（约 6.4 公里）到学校。他是家里第一个高中毕业生。第二次世界大战期间，他应征加入美国陆军。1945 年，里德光荣退伍后，回到家乡并一直在那里工作生活至离世。

"里德一辈子没有做过任何光鲜亮丽的工作。他在一家加油站做了 25 年的服务员和机械师，在百货连锁店做了 17 年的兼职看管员。他在 38 岁时，花了 1.2 万美元买了一套两居室的房子。50 岁丧偶后，他未再婚。里德于 2014 年去世，享年 92 岁。

"就是这样一位'路人甲'，他的去世却引起了美国各大报纸和新闻电台的争相报道——里德在遗嘱中，给养子女留了 200 万美元，给当地图书馆和医院捐赠了 600 万美元，总共是 800 万美元！人们很迷惑：他没有偷，没有抢，没有中过彩票，更没有从他贫困的家庭中获得任何遗产，他哪来这么多钱？

"一个人的财富积累大体取决于四个方面：劳动收入、花费、税收和投资（获赠遗产、中彩票或通过婚姻获取的财富不算在内）。假设一个人从 25 岁开始工作，65 岁退休，那他在退休时的财富总量基本取决于他之前 40 年的税后总收入、总花费和累计投资及税后投资收益。

"其中，花费对于大多数人来说是最容易掌控的（家庭遭受重大疾病或事故除外）：是穿 2 万元的衣服还是 100 元的衣服，是坐头等舱还是经济舱，是吃山珍海味还是粗茶淡饭是个人决定的。

"要大幅增收并不容易，因此，个人最终的财富积累主要取决于自己如何花费和如何投资。

"罗纳德·里德之所以能够留下 800 万美元的遗产，我个人认为有几个原因。

"首先，他很节俭。里德在世时，他的邻居、家人和朋友都不知道他有钱。他的收入虽微薄，但他仍然能够将大部分的收入存下来。里德在他磨损的卡其色牛仔夹克上用了一个安全别针，这样他就可以继续穿着它。有时，他为了省停车费，会将车停在较远的地方，然后走到目的地。由于节俭，他的房子很小，维护成本很低。他没有房贷，也没有其他任何负债。

"其次，他不断地投资。他没有将存下来的钱放在银行或床底下，而是不断投资诸如宝洁、强生、富通银行、摩根大通之类的蓝筹股，并且将股票的分红再投资。里德很注重分散投资，他持有不少于95只股票。这些股票分散在医疗保健、电信、公用事业、铁路运输、银行和消费品等诸多行业。因此，即使在2008年金融危机中，他投资的雷曼兄弟倒闭了，他的损失也是可控的。

"最后也许是最重要的是，他坚持长期投资。他没有在20世纪70年代的两次石油危机时期、在美国经济'滞涨'时期、在两次海湾战争时期、在互联网泡沫破灭时期、在金融危机时期打消投资的念头。他坚持了！投资收益在复利的作用下，在时间这个好朋友的陪伴下可以变得相当可观。当然，这也要归功于他很长寿。

"很多人听过荷叶铺荷塘的故事：荷塘里第一天有一片荷叶，第二天有两片荷叶，第三天四片，每一天的荷叶数都是前一天的2倍，30天后荷塘被荷叶铺满了，问如果荷叶要铺满荷塘一半的水面，需要多少天？正确答案是29天。

"这个故事点出了时间的价值——财富的相当部分甚至大部分都来自最后的坚持。股神巴菲特99%以上的财富来自52岁之后。巴菲特10岁开始正式投资，30岁的时候成为百万富翁，52岁的时候，他的财富为3.76亿美元，而在2021年，90岁的他成为千亿美元富豪。如果巴菲特像大多数人一样，20多岁才开始投资，60岁退休后就不断削减投资，那很可能大多数人都不会听说过他，至少他不会成为传奇。

"怎么样，这个故事不错吧？大家别光听啊，多吃菜！"

第二章

实现有钱养老的六大法宝

"大家酒也喝了几杯了，也吃得蛮饱的了，大家聊聊里德的故事告诉了我们什么吧。现在还早，8点还不到。如果大家乐意，我们可以一直聊到明年！我家现在就我一人，太太和孩子在澳大利亚。申泰、雅琪你们晚上可以睡我这儿，反正有房间。子安，你就算了，你家就在隔壁一栋楼。哈哈！"智富一谈到财富管理、养老规划这些就特别兴奋。

"我想先和大家分享一下我工作这么多年总结出的几个财富管理基本原则，我戏称之为'法宝'。我觉得这些是实现有钱养老、财富自由的根基。我们刚才说过养老规划的目标是'人活着，钱还有'，而且，这个'活'是优雅、健康地'活'；这个'有'是富足地'拥有'。

"但在达到这个养老的目标之前，在漫漫人生路中，我们必须先实现很多中短期的财务目标，我称之为财富'堡垒'。这些'堡垒'包括：婚恋、购车购房、子女教育、赡养父母等。**无论未来我们要面对多少个财富堡垒，只要我们能掌握一些基本的财富管理原则或'法宝'，我们就拥有了坚实的基础去攻克这些堡垒，最终实现我们的目标。**"

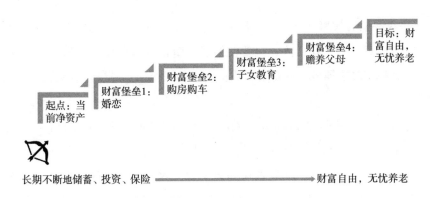

法宝一：节俭 + 存钱
========

只要愿意，人人都能有钱养老

"老叔，我说句心里话您别不高兴啊，里德就是个苦行僧！为了省个停车费，都特地将车停得老远。身后捐了 600 万美元是很了不起，但一辈子都那么穷酸，我才不愿意过这样的生活呢！"雅琪先发言。

智富笑了笑："你说的有点道理。别忘了，里德 1921 年出生在一个贫农家庭，他是在美国 20 世纪 30 年代'大萧条'期间度过青少年时期的。我相信他的家庭背景和成长的时代对他养成极度节俭的生活方式以及身后的慷慨捐赠有着重大影响。有经济学家研究发现，经历过'大萧条'的美国公司总裁厌恶举债[1]。另外，如果公司的总裁早年经历过贫困，该公司的企业社会责任心会更强[2]。

---

1 Malmendier, Ulrike, Geoffrey Tate, and Jon Yan. "Overconfidence and early-life experiences: the effect of managerial traits on corporate financial policies." *The Journal of Finance* 66, no.5(2011): 1687-1733.

2 Xu, Shan, and Panyi Ma."CEOs' poverty experience and corporate social responsibility: Are CEOs who have experienced poverty more generous?." *Journal of Business Ethics* 180, no.2(2022): 747-776.

"我讲他的故事并不是要你们完全学他的做法，而是用他来说明一个我坚信的观点——**任何人，只要他愿意，哪怕收入很微薄，都有可能通过节俭和存钱积累极大的财富**。我这里说的'存钱'，既包括储蓄，也包括投资。

"拿破仑·希尔在 1928 年出版的《成功法则》一书中就指出：'有这么一条规则，根据它，任何人都能早早地确定他是否会享有天下人都渴望的财富自由和独立，而**这条规则与个人的收入没有任何关系**。这条规则就是：'**如果一个人养成系统性的习惯，将所赚的任何收入都按一定比例存起来，那他实际上就一定能做到财务独立；反之，如果他什么都不存，无论收入有多高，他也绝对不可能在经济上独立**。'

"但养成节俭并将省下来的钱存起来的习惯并非易事，因为节俭和存钱意味着放弃诸多当前的消费和享乐，这需要强大的抵抗各种诱惑的自制力，让当下的享受让位于对未来获得更多财富的强烈渴望。

"雅琪，我想问问你每个月大约花多少钱在穿着上？我看你的鞋和眼镜是古驰的，围巾是博柏利的，衣服我看不出来，但我感觉也是个名牌。我猜想你在穿着上开销一定不少。"

"老叔，您在笑话我啦！"雅琪的脸有点红，不知是因为刚刚喝了酒还是因为智富问她是否花钱大手大脚。"我在衣服和鞋上确实花了很多钱。你们也知道，我们做律师的，是要见客户的，我必须买多套得体的正装。我第一套正装还是在硕士找工作阶段爸妈花钱帮我买的。当时，老妈花了 3000 元帮我买了一套 Theory 的西服，说是'人要衣装'，找工作一定要在仪表穿着上给人很好的印象。妈说得没错，凭着这套西服，我成功拿下我现在的工作。到了律所正式报到后，我看见公司几乎所有女性穿的都是名牌，有些还是超级名牌。您想想，春夏秋冬四季，每季是不是都得要好几套正装、衬衣、休闲套装？每季是不是要好几双各式各样的鞋？什么丝巾啊，围巾啊，小首饰啊，多多益善啊！

"至于每个月花多少钱我真没算过，但平均下来，一个月三五千元应该有。"

"啊？！"在座的其他三位不约而同地叫了起来！

智富接过话："雅琪啊，我同意'人要衣装'，你们律师确实需要多套得体的正装。但我不认同什么都要名牌。其实，很多质量不错、大方得体的衣服几百元就能买到，为何不能试试呢？

"你知道如果你每个月能够在衣着上节省 1000 元，将这个钱用于投资，假设投资年化收益率为 8%，30 年后，会积累多少养老钱？"

"老叔，您知道我是文科生，本来数学就不好，现在喝了点酒，脑子更是一团糨糊！"

"我现在也有点转不过弯了，"智富走到房间拿了一个金融计算器，按了几下后，他对着雅琪说，"是 149 万元！准确地说是 1490359.45元！[1]"

"啊？"这次是雅琪先尖叫了起来，"不可思议！如果我每个月少花1000 元在买衣买鞋上，30 年后，我 55 岁的时候能够多出 149 万元用于养老？"

"对的！55 岁的时候能有 149 万元，如果你愿意再坚持 10 年，到 65岁，那你在 40 年间会积累 3499 万元！"智富又按了两下计算器。

复利的魔力

"真不可思议啊！等等，老叔，您有没有算错啊？一个月 1000 元，一年 1.2 万元，30 年投入总本金为 36 万元，怎么可能变成 149 万元呢？您可别欺负我数学不好啊！"

"好侄女，我是你亲叔叔，哪能骗你呢！"智富笑着说，"在计算中我假设的年化收益率为 8%，这 8% 是复利。复利你懂什么意思吗？"

---

1 如果用 Excel 表格，输入的公式是 =FV(年利率 /12, 投资年数 ×12, 每个月投资金额)。具体到这个例子，30 年后的金额 = FV(8%/12, 30 × 12, 1000) = 1490359.45。这里假设每次投资都是在月末。如果每次投资都是在月头，公式则为 = FV(年利率 /12, 投资年数 ×12, 每个月投资金额 1000 元)。

"有点懂，但不是很懂。刚才您在讲王大和王二的故事和里德的故事的时候就提到复利这个词，我没好意思打断您。"

"哈哈，不要不好意思，对于你们不搞金融、不太和投资理财打交道的人，不清楚复利的概念是很正常的。这个概念非常重要，搞清楚了一生受用。这个概念，我这个学霸老同学一定很清楚。申博士，你为我侄女讲讲吧！"

"好的，智富兄！当了 10 多年的教授，分享知识我最乐意了！"申泰高兴地说，"复利是相对于单利而言的。所谓单利就是只有投入的本金产生利息，本金产生的利息不再生利息。而复利则不一样，不但本金每期都产生利息，而且利息也挣利息。我这么干巴巴地说，你可能不太理解。我拿张纸画个简单的表格，做个对比，你一下子就会明白了。"

申泰很快画了张表格，填了一连串数据。

按单利投资，起始本金为 100 元，年利息为 10%					
	第 1 年	第 2 年	第 3 年	第 4 年	第 5 年
每年挣得的利息（元）	10	10	10	10	10
每年年末账户中的财富（元）	110	120	130	140	150
按复利投资，起始本金为 100 元，年利息为 10%					
	第 1 年	第 2 年	第 3 年	第 4 年	第 5 年
每年挣得的利息（元）	10	11	12.10	13.31	14.64
每年年末账户中的财富（元）	110	121	133.10	146.41	161.05
复利账户与单利账户财富之比	1.00	1.01	1.02	1.05	1.07

"雅琪，子安，你们看啊！假设我们今天有 100 元本金用来做投资，年利率为 10%，本金和利息都放在账户里不拿出来。如果这个利率是单利，那无论我们投资多少年，每年的利息就是 100 元 × 10% = 10 元，第一年年末账户中的养老金为 110 元，第二年年末为 120 元，以此类推。但如果利率是复利，那就很不一样了。第一年的利息也是 10 元，一年后账户中的金额也是 110 元。但从第二年开始，复利账户中的金额就和单

利账户中的不一样了。因为第二年复利账户产生的利息是按照第一年年末账户中总资金乘以利率计算的，就是说第二年的利息 = 110 元 ×10% = 11 元，第二年年末账户中的财富为 121 元，要比单利账户多 1 元。到了第三年，利息是 12.1 元。第三年年末账户中的金额为 133.10 元。

"事实上，**复利账户的财富是按照指数曲线增长的，复利财富 = 起始本金 ×(1+ 利率)^ 投资期限；而单利账户中的财富是线性增长的，单利财富 = 起始本金 ×(1+ 投资期限 × 利率)。**"

"谢谢申博士，"智富接过话说，"其实，复利就是我们常说的'利滚利'，刚开始和单利的差别还不大，但时间一长，雪球会越滚越大，复利投资和单利投资的差异将是巨大的。你们看，到了第五年，复利账户中的财富就是单利账户的 1.07 倍了。如果我们再将投资期限拉长，到 10 年、20 年、30 年，那差异会大得惊人！对不起，我得用计算器。"

按单利投资，起始本金为 100 元，年利息为 10%					
	第 10 年	第 15 年	第 20 年	第 25 年	第 30 年
每年挣得的利息（元）	10	10	10	10	10
每年年末账户中的财富（元）	200	250	300	350	400
按复利投资，起始本金为 100 元，年利息为 10%					
	第 10 年	第 15 年	第 20 年	第 25 年	第 30 年
每年挣得的利息（元）	23.58	37.97	61.16	98.50	158.63
每年年末账户中的财富（元）	259.37	417.72	672.75	1083.47	1744.94
复利账户与单利账户财富之比	1.30	1.67	2.24	3.10	4.36

"你们看，如果投资 30 年，复利账户的财富可以积累到 1744.94 元，而单利账户只有 400 元，前者是后者的 4.36 倍。这就为什么爱因斯坦将复利称为'世界第八大奇迹'。

"复利投资还有一个特点，就是越往后，财富积累得越快。你们还记得吃饭时我提到的荷叶铺荷塘的故事吗？前 29 天总共铺了荷塘的一半，最后一天铺了另一半。你们看这个表，前 25 年，增加的财富总共为 983.47 元（=1083.47 元 -100 元），仅后 5 年就增加了 661.47 元（=1744.94 元 -1083.47 元）。

"我们一生中最长期的投资就是养老金投资。假设我们都是 65 岁退休，雅琪和子安从现在开始每个月月末投资 1000 元，年化投资回报率都是 8%。由于雅琪到退休还有 40 年，子安则只有 30 年，在退休时，雅琪会有约 349 万元，而子安则有约 149 万元。

"其实，复利的魔力并不限于投资方面，也完全适用于对技能和健康这些个人无形资产的投资。举个例子，如果你现在 45 岁，预期 55 岁退休，你可能就不愿花时间和精力学习新技能了。但如果你预期要到 70 岁才退休，那在学习新技能上的投资就变得很有意义了，因为有积累效应——你有更长时间从投资中得到回报。"

"谢谢申博士，谢谢老叔，我总算将复利搞清楚了。老叔，您没有骗我。每个月投资 1000 元，假设年化收益率 8%，30 年后，财富可以达到约 149 万元，40 年后会达到约 349 万元！如果多投资 10 年，财富会多积累约 200 万元！太棒了！"雅琪拍手称赞。

拿铁因素

"其实，哪怕你每天省一杯咖啡钱——30 元，用于投资，还是按 8% 的年化收益率计算，30 年下来，你就能积累 137.2 万元。这就是大卫·巴赫在他另外一本畅销书《自动百万富翁》（*The Automatic Millionaire: A Powerful One-Step Plan to Live and Finish Rich*）中提到的'拿铁因素'(the Latte Factor)。**拿铁因素是个比喻，比喻所有那些我们甚至想都不想的小花费，就像困了来杯咖啡那么自然。'拿铁'还可以是咖啡、香烟、彩票、游戏币、过于昂贵的手机或网络套餐，等等。如果不加注意，我们最终会在无意识中不断地支出，日积月累，这些小花费的代价会变得很高昂！**

"从心理学角度来讲，节省经常性的小花费还有一个妙处：让自己做出小的、频繁的承诺往往比做出大的、不频繁的承诺更有效，即使这两个承诺是相同的。例如，每天节省 30 元咖啡钱，其实等同于每年节省 10950 元。但如果我一下子让你每年多存 1 万多元钱，你很可能觉得很困难。

"雅琪，如果你每天少喝一杯咖啡，或不是点外卖，而是自己带午饭，晚上自己回家做饭，每天省个几十元用于投资，几十年下来，财富积累效应是惊人的。"

"老叔，您说得对。从今年开始，我每天就喝速溶咖啡，尽量少吃外卖，省下来的钱做投资！这算是我的新年目标吧！"

"这就对了。另外，雅琪，你别嫌老叔啰唆。25 年前，我从我们银行最底层做起，一直做到今天总部私人银行部老总的位置，也算阅人无数了，接触过不少成功人士和超级富豪。那些真正的成功人士其实总体都很低调，他们的穿着打扮有时都不如我们银行新进的职员，但他们的财富却非一般人可比。

"雅琪，**你是愿意现在整天穿名牌，还是愿意穿着大方得体的一般牌子，但退休时账户里多几百万元呢**？

"对了，你说你月薪 2 万元，即使你每个月花 3000～5000 元在衣服和鞋上，也不至于月光啊？"

"房租是大头啊！老叔，您忘了？"

"你房租一个月多少钱？"

"9000 元！我们经常加班。为了更方便工作，我就租了一间离公司很近的酒店公寓。不过 9000 元确实太贵了，我们公司有年轻同事合租的，也有住在稍微远点的地方的，那样房租就会便宜不少。最近几个月，我也在犹豫是否要换个房子。"

"我现在明白你为什么是月光族了。9000 元的房租对于初入职场的人来说确实蛮贵的。你现在也工作一年半了，对公司的相关业务也应该比较熟悉了。我建议你考虑考虑找个靠谱的朋友或同事合租，或搬到稍远的地方。我刚加入银行的时候，为了省钱，住在到公司要坐10站地铁的地方。但我现在很怀念那段时间，我上下班在地铁上要么听财经新闻，要么看书，非但没浪费时间，反而觉得很充实。

"曾国藩曾给后人留下十六字家风箴言：'家俭则兴，人勤则健；能勤能俭，永不贫贱。'我认为这句话放在任何时代都不过时。

"**如果你想完全控制自己的财务并很快积累财富，你就必须改变你花钱大手大脚的生活方式，量入为出**。这句话不单单是说给雅琪听的，也是说给所有人的。"

"嗯，您说得很对！"大家不约而同地点头说道。

"我们中国人常说开源节流。我将'节流'的概念扩充成'节俭＋存钱'，并将之看作通向财富自由、有钱养老的第一法宝，而不是'开源'，是因为**节俭＋存钱对于所有人来说都是可以做到的，而且往往见效快。另外，如果不注意节俭＋存钱，即使开源做得很好，也很可能无法积累财富**。大家都听说过拳王泰森吧？他在20岁就成为世界最年轻的重量级拳王了，职业生涯中赚了将近4亿美元，但他在2003年不得不申请破产。为啥？他挥霍无度：养老虎做宠物，购置多处豪宅，支付至少8个孩子的抚养费，雇了一堆人专门为他服务，毫无节制地购买珠宝、豪车……这种活法，再多的钱也会很快挥霍一空。

"当然，除了节俭＋存钱和开源外，我们可以通过投资赚钱，这个我会专门讲。但投资有很多的不确定性：投资策略是否有效？即使有效，能否长期有效？整个市场走势如何？这些都会影响最终的投资收益。而节俭＋存钱则不一样，省下的一元钱就是实实在在的一元钱。"

审慎储蓄

"世界著名潜能开发专家托尼·罗宾斯（Tony Robbins）在他的畅销书《钱：7步创造终身收入》中提到一个快速而简单的省钱六步练习法，他称之为审慎储蓄(mindful savings)。我认为我们所有人都可以学习一下。

"第一步：找出所有你可以消除或减少的经常性支出。手机套餐、午餐钱、晚餐钱、朋友或同事聚餐、习惯性的手机购物、咖啡钱、油钱……想想你可以在哪里做出改变。

"第二步：这些项目的成本是多少？突出显示这些支出中最重要的，并记录相关成本。接下来，计算你每周沉迷于这项开支的次数。

"第三步：从 0 到 10（0 表示没有一点快乐，10 表示非常受用）为每个项目附上一个数字——你从上面的每一项中获得了多少快乐。这会帮助你将每项支出与你的生活联系起来。

"第四步：接下来，想象拥有绝对财富自由的感觉。想象如果你在经济上完全自由，你能享受、拥有、做、成为或给予什么。

"第五步：决定哪一项对你更重要：你从清单上的经常性支出中获得的快乐，还是今后绝对财富自由的感觉？记住，生活是一种平衡。你不必把清单上的所有东西都删掉。

"第六步：写下至少三项你决心消除或大幅减少的支出。计算一下一年将为你节省多少钱。

审慎储蓄练习					
序号	活动或项目	每次活动或项目的开销（元）	每周的次数	总开销（元）	该活动或项目带来的快乐程度（1～10）
1	咖啡	25	6	150	4
2	午餐吃外卖	50	5	250	8
3	晚餐吃外卖	40	4	160	5
4	晚上或周末和朋友聚餐	100	2	200	5
5	买衣服或鞋	300	1	300	6
6	电影等娱乐	100	1	100	9
每周总支出：1160 元					
每年总支出：60320 元					

上面这张表是我为一个讲座设计的。我假想了一位自己不愿意做饭的单身白领的经常性开销。"智富从书房拿出一份讲座材料给几位客人传阅，"你们看，这位假想的白领，其实不喜欢晚餐吃外卖，那他完全可以自己动手，做经济、健康的晚餐。他对咖啡的感觉也很一般，但几乎天天喝。这笔开支完全可以消除或大幅减少。他很喜欢每周一次的电影等娱乐项目，这个完全可以保留。"

应急基金

"通过类似审慎储蓄的练习，你们应该对哪些开销可以完全消除，哪些可以减少，哪些应该保留有了更清楚的认识。下一步就是为自己和家人设立'应急基金'。**应急基金是用来应对突发、短期的不利事件的——突然失业、意外的医疗费用，家里空调或电视这些耐用品突然坏了，亲戚朋友过世或需要照顾，这些都属于需要应急的情况**。大家都或多或少碰到过'不利事件'，但奇怪的是，我们身边很多人和家庭都没有应急基金。"

"是的，智富。"申泰说，"在财务上，人们往往将精力放在经常性支出（如房贷、水电费）上，而忽视非经常性的支出。应急的事，是未来可能会发生，也可能不会发生的事情；可能会明天发生，也可能几年后才发生。人们为经常性开支和长期目标做规划和投资已经是很困难的事了，更何况是为了将来可能不会发生的开支做准备呢？美国央行——美联储几年前的一个研究发现，有32%的美国人如果碰到急事，连400美元都拿不出来。"

"申博士你说得很对，"智富接着说，"如果我们对短期的财务困难（如失业、患急病）没有应急措施，这些短期的困难可能会对我们的财务健康造成永久性的伤害。有数据表明，在美国，一个没有充足应急基金的员工因财务困难不得不从个人养老账户提前取款的可能性要比拥有足够应急基金的员工高大约13倍。而提前从养老账户取款、打断长期投资的持续性是最糟糕的财务决定之一。

　　"一般的建议是，家庭应急基金里面的钱能够支付 3～6 个月的基本开支：饭菜钱（不是去餐厅的钱）、水电气费、电话费、房贷、车贷等。也就是说，即使家里在未来 3～6 个月内完全没有收入，一家人也能有资金体面地生活。当然，3～6 个月是很笼统的建议，要因人而异，因家庭而异。面对国际政治、经济形势的变化和挑战，也有财务专家建议要准备 6～24 个月家庭基本开支作为应急基金。一般来说，放多少钱在应急基金里取决于替代当前收入的难易程度。假设你的年收入为 10 万元，如果你突然失业了，你需要多长时间才能找到收入类似的新工作？如果你有信心能够轻易找到类似的新工作，那么应急基金里的资金能够满足 3 个月的开支就够了。如果你觉得可能需要 6 个月甚至更长的时间才能找到类似工作，那你至少要准备 6～12 个月的开支。

　　"有充足的应急基金还意味着，在工作中，你不必太看老板的脸色，因为你知道即使离职了，找工作需要花一段时间，你的生活也不会被毁了；意味着如果你失业了，你可以有良好的心态，耐心地找到理想的工作，而不是你能找到的任何工作；意味着你可以做一份工资稍低但工作时间灵活或通勤时间更短的工作。这一点在百岁人生中尤为重要，因为，**相比我们上一辈，我们会更多地探索、尝试、转型。我们在不同人生阶段转换时，很可能会有较长的过渡期。在过渡期中，我们的收入可能会很低，甚至为零。充足的应急基金会帮助未来的我们更好地过渡到下一个人生阶段。**

　　"申博士，你有几十万元的银行存款，加上公司给的 3 个月工资作为离职补偿金，虽然房贷压力大，但你的应急基金是很充裕的！"

　　"谢谢智富，确实，在短期内我并不担心现金流问题。而且**离职补偿金，在当地上年职工平均工资 3 倍数额以内的部分，免征个人所得税。**"申泰回应道。

　　"是的，申博士，国家考虑到离职人员可能会有一段时间无收入来源，在税收上给予了最大的支持。"

"老叔，我有个问题。我目前虽然是月光族，但我每个月都足额还清信用卡债。信用卡债的利息很高，欠卡债很不划算，这点我还是拎得清的。我在想：如果我有信用卡债，是不是还是先要设立能够应付3~6个月开支的应急基金？"雅琪问道。

"很好的问题，雅琪。"智富点了点头回答道，"你能够做到每月还清信用卡债这点很好。如果你确实有信用卡债或像子安那样有高息的民间借贷，我建议你先全力偿还这些债。这是因为信用卡债和民间借贷利息往往在15%以上，而应急基金的投资收益是很低的。设立应急基金很重要，但尽快还清卡债和民间欠债很紧急。

"既然你对应急基金很感兴趣，雅琪，老叔就给你一项新年任务。"

"什么任务，老叔？"

"你说过账户上只有8000元，没有其他任何存款或投资。借你爸妈炒股的钱不算。在新年里，老叔希望你尽快设立一个2万元的应急基金，能做到吗？结合审慎储蓄练习和下面一张表，我相信这个对你不算太难！"智富随即指着讲座材料中的另一张表格对侄女说。

2万元应急基金完成日期：	
削减开支项目	节省金额
房租	
衣服	
鞋	
吃饭（外卖、聚餐）	
咖啡	
打车	
其他	
总计	

"啊？2万元啊？我何时才能存上？"

"我相信你能行的。如果是我，有 2 万元的工资，我两个月就能存上
应急基金。我建议你抓住开销的大头，从房租、衣服、鞋、吃饭这些方
面入手。按照你目前的开支水平，2 万元的应急基金其实是不够的，但
万事开头难，先从 2 万元开始。"

"好吧！我尽力！"

"不是'我尽力'，是'我一定'！"

"好的，我一定！"

机会青睐节俭 + 存钱的人

"我最后还想强调一点的是，那些注重节俭和存钱的人不但能够尽早
地实现有钱养老，还更有可能把握住一些难得的机会。

"我刚才提到洛克菲勒节俭创业的故事，拿破仑·希尔在《成功法则》
中也举了个类似的例子。一个年轻人到费城的一家印刷厂工作。他的一
位同事有每周存 5 美元的习惯。受其影响，这个年轻人也开设了一个存
款账户，并定期存钱。三年后，他存了 900 美元。这时，印刷厂陷入了
财务困境，即将倒闭。年轻人拿出了自己的 900 元，帮助印刷厂偿还债
务。作为回报，他得到了公司的一半股权。后来，印刷厂起死回生，这
个年轻人每年获得的分红就达到 2.5 万美元。要知道这是发生在 20 世纪
20 年代的真实故事。美国在 1920 年的人均年收入只有 3269 美元。

"希尔相信，**几乎所有幸运，无论是大还是小，是从养成存钱习惯开
始的**。我非常认同这个观点。但我想强调的是，节俭不等同于一毛不拔。
这点我会在讨论另一个法宝的时候再聊。"

法宝二：远离负债

"智富，能谈谈如何还债吗？"这时安静了很久的子安说，"我最近

一年多被债务压得喘不过气来。我那 20 万元的贷款利息很高。我是通过
一个朋友借的钱。每个月支付 1% 的利息，就是 2000 元。健身房转让给
别人后，我上个月刚刚找了份工作，还是老本行，做贸易。但底薪不高，
1 万元多点。我太太 3 月生小孩后，打算请月嫂，会要一笔费用。我现
在每个月只还 2000 元的利息，但 20 万元本金 10 个月后就到期了。另
外，我还有车贷。三年前我买了辆宝马 X5，现在还有 12 万元的车贷没
还清，车贷每个月要还大几千元。您之前说里德没有房贷，也没有其他
任何负债，我觉得很神奇。他是怎么做到的？"

"子安，月息 1% 确实很高，而且我之前不知道你有车贷，这个贷款
利息也有 6% 左右吧？"

"是的！"

"个人负债的原因有多种，但主要有四种。

1）未能量入为出，借钱消费。这种债务是必须避免的。解决问题的
办法就是刚才说的节俭 + 存钱。

2）投资或创业。这种债务如果运营得当可以转换成资产，增加借债
者的财富。但借债者在借债时须额外谨慎，不能超出合理范围。当某人
超出自己承担能力举债进行投资或创业时，他的举动就变得很危险，成
了投机者。我虽不反对用少量资金投机，但过度投机往往会吞噬一个人，
而不会让他一夜暴富。

3）因突发事件，如重大疾病或失业，而不得不借钱。对于这种债
务，我们可以通过设立应急基金、购买保险等措施来应对。

4）赌博或沉迷于某种习惯（如打游戏、打赏主播）而负债。对于这
类人，唯一的建议是戒赌和戒掉影响自身财务健康的习惯。

"无论是因何而负债，我的总体观点是：负债是有害财务健康的，一
般个人要尽可能远离债务。当然，在还贷能力范围内的房贷对于不少家
庭来说是可以有的。除此之外，我不建议有负债，包括车贷、信用卡债
务、通过朋友借债。"

不要用持续贬值的资产抵押贷款

"子安，你是因创业而借债的。你幸运的是没有房贷，而这个是申博士最大的压力来源。申博士的房贷和你的高息债务问题，我会帮你们具体分析。

"但你的车贷也是个不小的问题。在财务管理中有个基本原则：**不要用持续贬值的资产抵押贷款**。车只要驶出 4S 店就立刻贬值。一般车开一年会贬值 15%，三年会贬值 40% 左右。如果车贷时间较长，首付低，假设刚买车不久就因故要将车卖了，有可能卖车的钱都不够还车贷的。

"里德没有房贷和其他任何负债，确实很不容易。我前面说过里德是 1921 年 10 月出生的，38 岁花了 1.2 万美元买了一套两居室。他购房的时间应该在 1960 年左右。我查了一下美国数据。美国房价的中位数在 1960 年的时候约为 1.92 万美元 / 套。美国家庭收入的中位数在当时略超过 5000 美元。也就是说他买的房子要比一般美国家庭的房子便宜很多，房价只是一般家庭年收入的 2 倍多一点。相对于收入，房价这么低，里德没有房贷也就不奇怪了。

"过去 20 多年，中国很多城市的房价涨了很多倍，在有些地方甚至涨了 10 多倍、20 多倍。对于尚未购房的人来说，要全款买房确实很困难。这时一定要做到'量力而为'。如果确实购房很吃力，租房也很好啊！对于很多中国人来说，拥有自己的房子变成了一种信仰，这个是不对的。"

巴菲特消失了的合作伙伴

"你们还必须听听里克·盖林 (Rick Guerin) 的故事。沃伦·巴菲特和他的长期搭档查理·芒格大家都知道，对吧？"

"对的，我看过《穷查理宝典》这本书，很精彩！"申泰应声道。

　　"确实,很经典的书!"智富点了点头,"其实,在 40 多年前,巴菲特和芒格还有另一个搭档,就是里克·盖林。投资者莫尼斯·帕波莱 (Mohnish Pabrai) 曾问巴菲特,里克怎么了,怎么后来就消失了?巴菲特说:'查理和我一直都知道我们会变得非常富有,但我们并不急于变得富有。我们知道这会发生,里克和我们一样聪明,但他很着急。'在 1973—1974 年的经济衰退中,里克利用保证金贷款,加杠杆投资。在这两年里,股市下跌了近 70%,他收到了追加保证金的通知。他不得已把伯克希尔股票卖给了巴菲特,巴菲特以每股不到 40 美元的价格购买了里克的伯克希尔股票。

　　"因此,在我看来,无论是负债消费,还是借钱投资,都是不可取的。雅琪,我是不赞同你借钱炒股的,包括借你爸妈的钱!"

　　"哦,我错了,老叔……"

法宝三：开源

　　"子安,你三年前创业搞健身房的时候,有没有想过兼职做这件事,或者全职做健身房的同时,兼职做另外一件事?"智富问子安。

　　"没有啊!智富。我当时就想全身心地扑在上面,将这个做好。谁知道投资了几百万元,刚开业不久,就碰上各种未曾预料到的内外部问题,时运不济呗!"

奈特与耐克

　　"也许吧!"智富接过话说,"我再讲个故事。耐克公司大家都知道。耐克的创始人叫菲尔·奈特 (Phil Knight)。

　　"在创业初期,奈特并没有全身心投入到公司中,准确地说,他是将心投入了,但身体并没有投入。奈特在创业初期将全部的资金投入了业务扩展中去，公司根本没有资金支付他的工资。面对着随时可能的破产，奈特并没有像当今许多创业导师建议的那样全身心地、义无反顾地投入到公司里面。他先是在普华永道，后在另一家事务所做会计师。当公司业务不断发展后，他选择了空闲时间较多的大学教授这个职业。最后当公司业务发展到能够提供他的工资时，奈特才全职在自己创立的公司工作。

"Raffiee 和 Feng[1] 两位学者研究了在 1994 年至 2008 年创业的超过 5000 位美国创业者。他们发现那些保留日常工作的创业者，相比那些全职创业者，创业失败率要低 33%。宾夕法尼亚大学沃顿商学院教授亚当·格兰特（Adam Grant）在《离经叛道：不按常理出牌的人如何改变世界》一书中提供了更多的兼职创业成功的例子。沃齐亚克和乔布斯在 1976 年一同创办了苹果公司，但他一直在惠普工作到 1977 年才辞职。创作大师斯蒂芬·金在他写作了第一本小说后还先后做了教师、清洁工和加油站助理等工作 7 年，他在第一部小说《魔女嘉莉》（Carrie）出版一年后才辞去原职，全职创作。

"我要是早听到这些故事就好了！也许我会认真考虑找第二份工作。"子安有点懊恼地说。

"子安，不要懊恼！创业失败很正常。也有很多很专注的成功创业者。我想说的是：**要达到有钱养老，如果在不影响正常生活与工作、不影响提升自身核心竞争力的情况下，能够'开源'那是最好不过的。最理想的开源就是在赚钱的同时，提升自身核心竞争力，增强自身的人力资本和社会资本。**

"再举个例子，大家可能听说过一所风靡美国的非营利教育机构——可汗学院(Khan Academy)。它是由孟加拉裔美国人萨尔曼·可汗(Sal Khan)创办的，该机构利用网络短视频提供免费课程，内容涵盖数学、

1 Raffiee, Joseph, and Jie Feng."Should I quit my day job? A hybrid path to entrepreneurship." *Academy of Management Journal* 57, no. 4 (2014): 936-963.

物理、化学、历史、经济学、天文学等。2003—2009 年，可汗的全职工作是在一家对冲基金机构做分析师。2004 年，可汗制作短视频辅导表妹的数学。他的视频很清晰，也很有特点。很快，其他亲戚和朋友也都渴望得到他的辅导，于是他就在 2006 年 11 月开设了 Youtube 账户，将辅导视频放在上面，吸引了成千上万人来观看和学习。他最终在 2009 年底辞去对冲基金机构的工作，全职开发可汗学院频道。也就是说，在 2004—2009 年这 5 年间，可汗一直是兼职在做他的可汗学院的。我想，如果没有全职的薪水支持他，也就没有今天的可汗学院。

"关于兼职，我自己也在实践。我的日常工作是努力服务好我们私人银行部的客户，并做好本部门的管理工作。但过去几年，我一直在一些财经报纸上发一些文章，赚些稿费。虽然稿费不高，但很有成就感。最近一年，我还利用闲暇时间写本和养老相关的财富管理的书。如果未来书能大卖，那最好不过，我会有份不错的报酬。如果书无人问津，我也不觉得是浪费时间，因为通过写书，我自己学到了很多东西。"

"老叔，我还不知道您还是个作家！"

清崎的故事

"啥啊！你别拿你叔开涮了！谈到作家，罗伯特·清崎（Robert Kiyosaki）是著名的财经作家。他是全球畅销书《富爸爸，穷爸爸》的作者。清崎年轻时为了尽快积累财富，和妻子一起通过做兼职来'开源'。清崎刚结婚的时候就和妻子金姆商量好两人每赚 1 美元，就必须将其中的 60 美分作为'开支'用于储蓄、捐献和投资。这是他们第一笔和最重要的开支，因为这些是创造财富的必要支出。在确保了这些支出后，剩下的钱才用来缴税、还房贷车贷、交水电费、购买食品和衣服等。刚开始时，剩下的钱根本不够支付各种其他费用。有些月的财务缺口达到 4000 美元。他们完全可以动用自己的资产来补上缺口，或至少可以减少当月存款或投资的'支出'。但是清崎和金姆并没有这么做，他们的做法是想办法赚更多的钱。清崎通过在外教授投资、销售和市场营销课程、培训当地房地产公司销售团队，甚至帮助一个家庭搬家来赚钱。他的太太则通过帮助企业做营销策划、做模特、销售衣服赚外快。"

"现在9点多钟了，大家还有力气继续聊，还是就此打住？"智富问道。

"继续！"

"继续！我打算今晚就住在你这儿了，老同学！"

"继续！我打算今晚就住在您这儿了，老叔！"

"好！我们就接着聊，一起跨年！阿姨已经回家了，我去给大家倒点饮料。大家站起来走动走动，松松筋骨。"

法宝四：长期投资

比谁坚持得久，活得久

"不知道你们注意到没有，里德很长寿，他去世时92岁。"智富接着说，"我在讲里德故事的时候，提到了巴菲特。巴菲特也很长寿，1930年出生，现在90多岁了。芒格比巴菲特年纪更大，1924年出生。他们两人还在投资，在一起管理着伯克希尔公司。其实，在美国还有一位传奇投资者——文艺复兴技术的创始人詹姆斯·西蒙斯（James Simons）。文艺复兴技术是全球最大的量化对冲基金之一。西蒙斯原先是数学家，但对投资一直感兴趣。在40多岁的时候，他决定全职投资，创办文艺复兴技术，主要利用数学和统计模型进行系统化投资。在1988—2018这30年里，公司旗下的大奖章基金的平均年化收益率高达66%！远超过巴菲特20%左右的历史业绩。西蒙斯虽然是超级富豪，目前身家超过200亿美元，但为何他的财富只有巴菲特的四分之一左右呢？在我看来，一个重要原因就是巴菲特投资时间长。如果从他 10 岁正式投资开始算起，巴菲特不间断地投资了超过 80 年。而西蒙斯是 1982 年才创办文艺复兴技术的，那年他 44 岁。也就是说，西蒙斯的投资生涯虽长，但尚不及巴菲特的一半。西蒙斯其实也很长寿，他 1938 年出生。当然，还有一个原因就是两人的投资方式不一样，导致两人可管理资产的规模也不一样。这一点，我在讨论投资的时候再详聊。

"一般来说，好的投资并不一定是获得最高回报的投资，因为最高的回报往往是一次性的，无法复制或持续。成功投资的关键是每次获得相当不错的回报，并且可以不断地、长期地重复下去。在这种情况下，复利可以发挥最大的作用。

"财经作家摩根·豪泽尔 (Morgan Housel) 在《金钱心理学：财富、人性和幸福的永恒真相》这本畅销书中指出：'如果你想成为一名更好的投资者，你能做的最有用的事情就是拉长投资期限。**时间是投资中最强大的力量。它将小投资变大，让大的错误变得无足轻重。虽然它不能抵消运气和风险的作用，但它让最终结果更加接近人们想要的。'"**

"老叔，您的这段话让我犹如醍醐灌顶啊！我上半年之所以借爸妈的钱投资，就是想赚快钱，根本就没有想过长期投资！"侄女雅琪恍然大悟道。

长寿人生需要长期思维

"雅琪，在投资中，想赚快钱的想法要不得。一定要有'长期思维'。其实这种'长期思维'不单单适用于投资，也适用于企业的发展、个人的成长。亚马逊创始人杰夫·贝佐斯曾说过：'**如果你所做的一切都局限在三年的时间框架中，那么你就要与很多人竞争。但如果你投资时想的是未来七年，那么你现在就只需要与这些人中的一小部分竞争，因为很少有公司愿意这么做……只要拉长期限，你就可以尝试（短期投资者）无法做的事业。'**

"在长寿时代，百岁人生将是常态。我们上代人的那种'受教育—工作—退休'的三段式人生将不再适用于我们在座的这些人，特别是雅琪和子安。

"你们想啊，如果我们能活到 100 岁，假设我们 22 岁本科毕业工作，60 岁或 65 岁退休。这就意味着我们工作生涯和退休阶段的时间差不多长，我们很可能为三四十年的退休生活所做的财富积累不足（有形资产积累不足）。如果我们推迟到 75 岁甚至 80 多岁退休，我们在 18～22 岁期间在大学所学的知识和职业生涯早期学到的工作经验很可能早就过时了（无形资产积累不足），这会导致我们在漫长的职业生涯的中后期很挣扎。也许我们能勉强保住自己的职位和收入，也许不得不从事低端的、无法被机器取代的工作。

"格拉顿和斯科特在《百岁人生：长寿时代的生活和工作》一书中指出：**在长寿人生中，传统的三阶段人生模式肯定是行不通的。我们将会有多个人生阶段，包括不断地探索、学习、再学习和转型。在不久的将来，很多人将会工作到 70 多岁，甚至 80 多岁，职业转型将是常态；新的人生阶段将不断呈现；财富积累很重要，但不是全部，对无形资产的投资和管理可能更具挑战性**。他们所说的无形资产指的是反映个人生产力的资产，包括我们拥有的知识、技能、友谊和声誉；反映个人活力的资产，像我们的身心健康、平衡的生活和伴侣关系等；以及反映我们能否成功转型的资产，包括对自己的了解和多元的人际网络。这点，我会在讨论投资的时候再聊。

"申泰，你今年已经做出了大胆的探索——从学术界跳到业界，从美国跳到中国。格拉顿和斯科特两位学者认为：**'探索不分年龄，任何人都能在任何时间或任何年龄成为探险家**，但是有三个阶段尤其不错——18～30 岁、45 岁左右、70～80 岁，对于很多人来说，这些阶段是美好的。这些时段往往标志着生活的自然转变。在这些时段中，探索可以发挥更为直接的作用：有时间评估人生状况，更深入地理解人生选择，更多地思考信念和价值。'你今年正好 45 岁，你选择了探索，很令人佩服！"

"没什么好佩服的，智富。我太太说我是中年危机。"申泰自嘲道，"我没有看过《百岁人生》这本书。但听你刚才的介绍，我很认同两位作者的观点：我们这些人都将经历多阶段人生。我在美国的工作比较特殊：是大学里的终身教授。这就意味着，只要我愿意，我就可以一直在岗位上工作下去，没有退休年龄。我的一些前同事都已经七八十岁了，还在上课、做研究。也许从内心深处，我离职的另一个原因是对这种平淡生活的担忧——未来 30 多年都教授类似的课程，做些没有太多人看或看得懂的学术研究。与其这样'躺平'，不如做些探索和转型，做些和实践联系更紧密的事情。借用诗人罗伯特·弗罗斯特 (Robert Frost)《未选择的路》中的一句话：在人生的树林里分出两条路，我选择了人迹更少的一条。但很遗憾，我选的这条路现在特别难走……"

"申泰，没什么好遗憾的，相信你的选择。**在长寿人生中，多数人都会或早或晚迈出探索这一步。探索意味着要做自己甚至前人都没有做过的事情，意味着充满风险和不确定性，意味着有可能会失败。**

"但一切过往皆为财富，只要我们运用长期思维，长期投资于有形和无形资产，我们就一定能实现有钱养老，因为时间站在我们这边。"

法宝五：守住财富

"我们中国人常说'富不过三代''打江山难，守江山更难'。守住财富和创造财富需要不同的技能和智慧。创造财富需要敢于冒险，需要对未来充满希望，需要全身心投入。而守住财富则需要谦虚谨慎，需要对市场充满敬畏之心，需要承认之前的成功有运气的成分。如果稍有不慎，如果不知道勤俭持家，积累的财富会很快消散。"

活着最重要

"'活下来'是投资的基本准则。复利能够在时间的作用下创造财富奇迹的前提是人'还活着'。人一生中会遇到很多坎坷和困境，在通往财富自由、有钱养老的路上也不会一直平坦。如何在实现人生价值的漫漫长路上不被踢出局或被迫中途放弃，将是个人发展决策或财务决策的基石。

"阎志鹏博士在《三个存钱罐：金融学教授的儿童财商启蒙课》一书中有一章讲的是'守住财富和投资的普世智慧'。他提出要守住财富，需要做到四个远离和三个不可轻信。四个远离包括：远离自己不懂的东西，远离所谓'高收益无风险'的东西，远离好得令人难以置信的东西，远离赌博和赌博式投资。三个不可轻信包括：不可轻信预测专家，不可轻信投资专家，不可轻信亲戚朋友。

"举个最近的例子，这几年加密货币很火，有些人因此暴富。但加密货币有很多种。如果你不了解打算投资的加密货币的潜在风险，贸然投资会很危险。2022 年 5 月 27 日的《华尔街日报》有一则报道，一种叫TerraUSD 的加密货币的价格在短短几天内从 1 美元暴跌到 3 美分，跌了97%。投资者之所以看上这种货币，是因为他们想当然地认为可以获得15%～20% 的利息，但他们没有考虑到背后的风险。美国马萨诸塞州的一位 44 岁的外科医生在 4 月的时候投资了近 18 万美元，结果几天内损失了家庭大半积蓄。

"一位年富力强、受过高等教育的美国医生尚且如此，更不用说一般人了。有研究表明，金融素养会随着年龄的增长而下降，特别是在 50 多岁之后，人的分析能力将不断显著下降。因此，老年人要特别注意四个远离和三个不可轻信。"

"谢谢老同学！我认为还有一点对守住财富很重要，就是你刚刚提到的——远离负债。"申泰接过话题说，"我现在体会到你刚刚所说的'无论是负债消费，还是借钱投资都是不可取的'这句话的意义了。我七年前贷款五成买的房，房贷每个月有 25000 元左右。虽然这几年上海的房价涨了不少，从这个意义上说，我还是幸运的，但是每天眼睛一睁就要支付几百元的利息，心理压力太大了。如果我运气不佳，这几年上海的房价大跌，或者我继续持有，未来几年上海房价大跌，那我用于养老的财富积累会因这一个投资决定严重缩水。最近一段时间，我一直在反思当时借这么多钱购房是否明智。"

"你说得很好，申博士。**人在财务方面的烦恼大多是因想过上和自己收入不匹配的生活或是想赚快钱、大钱而引起的。**这个驱动力导致了借债、加杠杆，轻则影响生活质量，重则家庭破裂，甚至想不开做出极端行为。"

王大和王二的故事（二）：退休后的投资

"随着年龄的增长，守住财富变得越来越重要。我们年轻时，即使所有钱都没了，我们还有时间去挣钱、去积累；但当我们临近退休或已经退休后，在财务方面'跌倒了'，就很难再爬起来了。

"**一些老人退休后还继续投资高风险的资产。我并不反对退休老人投资，但投资高风险资产，如刚刚上市流通的小盘股，需要格外谨慎，投资额占个人总资产的比例也要严格控制。否则，一旦发生长时间不利事件，将很难守住财富。**

"我举个例子。

"王大和王二双胞胎兄弟在 65 岁生日那天同时退休，他们都为退休积累了 500 万元。

"假设他们都能活到 100 岁，并且退休第一年的花销都是 10 万元，之后每年的花销按 3% 增长。

"假设兄弟俩都将积累的财富投资于股票：除了每年的花销，王大将所有钱投资在北国股市，王二则将所有钱投资在南国股市。这两国股市在他们 36 年的退休时间（65～100 岁）中的平均收益率都一样。唯一不同的是：北国股市在他们 65～82 岁期间，每年都增长 10%，在 83～100 岁期间，每年都亏 3%；而南国股市的表现则完全相反，在他们 65～82 岁期间，每年都亏 3%，在 83～100 岁期间，每年都涨 10%。

　　"你们想想，兄弟俩当中，谁的退休生活会活得很舒服，谁的退休生活会活得很惨？"

　　"王大会活得很舒服，王二会活得很惨！"这次三人异口同声说。

　　"完全正确！大家请看这张图 [1]。虽然长期来看，在 36 年当中，北国股市和南国股市的年化平均收益率一模一样。但北国股市在前 18 年上涨，后 18 年下跌，而南国股市则完全相反。这个区别，导致投资北国股市的王大的退休生活不但很舒服，而且在 100 岁的时候，他还有近 950 万元留给后人。

　　"反观投资南国股市的王二，他的运气则很差。由于在退休开始的时候，南国股市一直在跌，虽然在他 83～100 岁的时候，股市强力反弹了多年，但对于王二来说已经太晚了。他的财富在 90 岁那年就完全用光了！"

　　"哇！智富，您这个例子太棒了。看来要守住财富还需要点运气！"子安看着图惊叹不已！

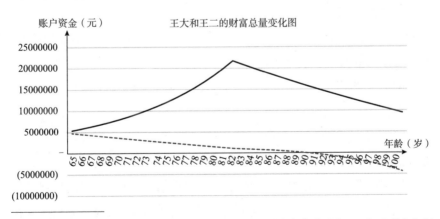

1 在这张图中，年末财富 =（年初财富 − 每年花销）×(1+ 当年投资收益率)。下一年的年初财富 = 上年的年末财富。下一年的花销 = 上年花销 ×(1+3%)。

"确实，子安，和任何事情一样，投资是有运气成分的。其实，里德之所以能留下 800 万美元的遗产也是有运气成分在里面的。他是 2014 年 6 月 2 日去世的。在 2008—2009 年金融风暴期间，美国大盘股票指数标普 500 指数大跌近半。但从 2009 年 3 月触底后就不断反弹。在 2009 年 3 月底至 2014 年 5 月底，标普 500 指数从 757.13 点涨到 1889.77 点，涨幅近 150%。如果里德不是 2014 年过世，而是 2009 年或 2010 年过世，相信他的遗产会少很多。

"总体而言，对于老人来说，不能在投资上赌运气。一个稳妥的管理财富的方式就是随着年龄的增长，逐渐减少在高风险资产上的投资，将更多的资金投在更安全，甚至绝对安全的资产上。这样做，即使少部分资金因投资高风险资产而损失了，也能守住大部分的财富。"

拒绝被骗

"守住财富还要记住一点，千万，千万不要被骗！上面提到的四个远离和三个不可轻信，更多的是从投资角度出发的。但现在的骗子太狡猾，手段太高明。不少善良的人落入了假冒的公检法人员或卖神药的人设置的圈套。他们没有投资到财务骗局上，但还是没能守住财富。

"我们银行几乎每天都会碰到要打钱给骗子的上当的客户。不单单是老人、受教育程度较低的人容易上当受骗，一些高级知识分子也会被骗。不知道你们听说过那个当时比较轰动的报道没有——2016 年，清华大学的一位女教授刚卖了一套房子后，就被一帮骗子陆陆续续骗走了约 1800 万元。

"不单单是金融知识缺乏的人会被骗，如果不小心，金融圈资深人士也会被骗！这两天我们金融圈疯传一则新闻。一位金融公司的总裁在上个月接到所谓的'香港特区政府卫生署'职员的电话，接着就发现自己'身份信息外泄，被不法分子盗用'。很快，在上海公安局某分局'李警官'的协助下，发现自己的身份涉及某'高度机密级重大案件（基于保密令，无法透露任何细节）'……之后，还有'大法官'通过远程视频庭询……

"整个过程堪比春节档大戏。结果是：这位金融高管被骗1000万元！"

"啊！这么狗血啊！老叔！我还以为只有我这样的金融小白才会被骗，没想到金融公司的老总也会被骗，而且被骗了1000万元！"

"是啊！你想，金融高管再有钱，1000万元也不是小数目。财富积累需要很长时间，但如果我们稍不留神，毁掉财富可能就几分钟的事情！我特别担忧的是老年人。很多人在退休时确实已经实现了'有钱养老'，但因缺乏必要的金融素养，加上认知能力下降，导致未能守住终身打拼得来的财富。"

"你说到我的心坎里了。我母亲几年前卷入了一个大型投资骗局，大半辈子的财富被骗没了。本来她和我父亲完全可以有钱养老、无忧养老的，现在虽然生活没有问题，但遭受的打击是巨大的。"申泰不无感慨地说。

"老同学，你母亲的事情我听说过。我们只能往前看，让我们一同做好对投资者的教育和保护，帮助更多的人守住财富，有钱养老、无忧养老。"

法宝六：给予

当你紧握双手时，里面什么也没有

"有钱养老的最后一个法宝是'给予'，这个是很多人都没有意识到的。给予包括金钱的给予、时间的给予、自己专业知识和技能的给予、关爱的给予、人脉的给予……

"英国前首相温斯顿·丘吉尔曾说过：'当我们索取时，我们只是在活

着；当我们给予时，我们才是在生活。'

"这句话其实和我们常说的老话'有舍有得，不舍不得，大舍大得，小舍小得'是相通的。"

给予越多，财富越多

"经济学家阿瑟·布鲁克斯（Arthur Brooks）测试了收入和慈善捐赠之间的关系[1]。他分析了近 3 万个美国人在 2000 年的捐赠数据，在其他可能影响收入和捐赠的各种因素——教育、年龄、种族、宗教信仰和婚姻状况等——一致的情况下，他发现收入增加会导致捐赠增加。平均而言，每增加 1 美元的收入，慈善捐赠就增加了 0.14 美元。但更有趣的是，捐赠多的人往往今后的收入更高。平均来看，每增加 1 美元的慈善捐赠，年收入就会高出 3.75 美元。也就是说，假设你我年收入都是 10 万元。如果今年你捐赠了 10000 元，而我只捐赠了 5000 元，那么你今后的收入可能会比我多 18750 元。

"我刚刚提到过的邓普顿爵士曾经说过：'我从来没有见过任何在 10 年内将自己收入的 8% 或 10% 捐给了慈善组织的个人，其财富没有获得大幅增长的。'

"类似地，约翰·洛克菲勒一生热衷于慈善，他从小就认定'赚钱，然后捐钱，这是一个永无止境的过程'。他曾说过：'如果我没有把我第一份工资（每周 1.5 美元）的十分之一捐出去，我就不可能将我赚得的第一个 100 万美元的十分之一捐出去。'

"也许里德之所以能积累 800 万美元，是因为给予之心驱动着他去节俭、去存钱、去投资。"

1 Arthur C. Brooks, Who Really Cares (New Your: Basic Boors, 2006), "Does Giving Make Us Prosperous? " *Journal of Economics and Finance*, 31(2007): 403-411;and Gross National Happiness (New York: Basic Books, 2008)

给予越多，身心越健康

　　"另外，科学家研究发现，当你给予别人的越多时，你就会感到越幸福。哈佛大学的伊丽莎白·邓恩（Elizabeth Dunn）和迈克尔·诺顿（Michael Norton）在 2013 年出版的《花钱带来的幸福感》一书中写道：'虽然拥有更多的钱可以提供各种美好事物，从更美味的食物到更安全的社区，但真正有力量的并不是钱有多少，而是我们如何花钱。'他们的研究显示，人们把钱花在别人身上要比花在自己身上更能获得满足感，而这种满足感'不仅延伸到了主观幸福感上，也延伸到了客观的健康上'。也就是说，给予会让人更快乐、更健康。

　　"在一项研究中，他们邀请了 46 位参与者参加实验。在早晨，他们先让参与者给自己的幸福感打分。打好分后，他们将参与者分为两组。其中一组每人获得 5 美元，另一组每人获得 20 美元。他们要求所有人在下午 5 点之前花完所给的钱。其中一半的人被要求将钱花在自己身上，可以给自己买礼物，也可以支付账单；另一半的人被要求将钱花在他人身上，可以给他人买礼物，也可以捐赠给慈善机构。5点之后，研究者再次请参与者给自己的幸福感打分。他们发现那些被要求将钱花在他人身上的参与者要比将钱花在自己身上的参与者快乐得多。

　　"不知道你们是怎么想这个问题的。年轻的时候，我总是想努力将工作做好，赚更多的钱，买更大的房子，为孩子提供更好的学习环境。那时候，我很少想工作和家庭以外的给予、捐赠和分享。现在，我有一定的物质基础了，也有更多时间去帮助更多的人，包括同事、邻居和不相识的需要帮助的陌生人。每次帮助别人，无论是捐钱，免费提供专业观点，还是帮邻居阿姨拿快递，我都真心感到开心。我现在越来越觉得**给予其实是一种在无形资产上的投资：投资自己的心情、投资友谊、投资他人，在造福社会的同时成就自己。**"

"智富，您说得很对。给予确实能够带来快乐和财富。在过去几年，我一直是我们小区的志愿者。我不但认识了很多之前从未打过招呼的邻居，还结交了几个经常来往的好朋友。我现在的工作就是我们小区一位朋友推荐的！"

"赞！"智富伸出大拇指对着子安说，"你做志愿者做得很棒！特别认真、负责。大家都看在眼里。作为你的邻居，必须为你点赞！

"总之，我们创造的财富越多，我们给予的能力就越强；我们给予得越多，幸福感就越强，自己也会更快乐、更健康！我们越是幸福、快乐、健康，就越有动力和能力去创造更多财富……伴随着这样的良性循环，我们离有钱养老、财富自由的目标会越来越近。"

"哟，时间过得好快，新年还有 10 多秒就到来了！让我们一起倒数 10、9、8……"

"新的一年我们来了！"

"愿大家在新年里身体健康、万事如意、财源广进！申泰、雅琪你们就住我这儿。子安，你赶快回家。我们明天上午 10 点左右继续聊。"

"太好了，老叔！应该是今天上午 10 点。现在已经是 1 月 1 日了！哈哈！"

"对，对，对！"

"谢谢老同学，我迫切需要你的指点。早上起来，你要好好帮我琢磨琢磨。"

"没问题！大家晚安！我等会儿转发一篇我写的文章《智富的致富经》给大家，大家早上起来有空看看。"

"晚安！"

"晚安！"

"晚安！"

智富的致富经——无论你交不交个税，通过个人养老金账户投资都是上策

2022 年 11 月，个人养老金制度在中国正式启动。看到身边不少朋友对此制度知之甚少，也没有开设个人养老金账户[1]，我很是着急！

通过个人养老金投资有三大好处：税收优惠、费率低和政府帮助初步筛选机构及产品。

首先看税收优惠。根据《关于个人养老金有关个人所得税政策的公告》：自 2022 年 1 月 1 日起，对个人养老金实施递延纳税优惠政策。个人向个人养老金资金账户的缴费，按照 12000 元 / 年的限额予以税前扣除，投资收益暂不征税，领取养老金时将直接按照 3% 进行缴税。

如果我们假设某投资者的最高个税税率为 20%，每月投资 1000 元，投资 30 年，投资的年化收益率为 6%。如果她通过个人养老金账户投资，投资时不用交税，即 1000 元会被完全用于投资。30 年后退休时，她的账户里有 100.4 万元，在交纳 3% 的税后，共有 97.4 万元。如果她是通过普通账户，用 1000 元税后收入投资，即 800 元 / 月。假设投资年化收益率也是 6%，如果 30 年后我国仍然不收取投资收益税，其普通账户总金额就是 80.4 万元。两者对比，通过个人养老金账户投资带来的税收效应为 21.3% 的额外收益。

下表中列出了不同税率水平下通过个人养老金账户和普通账户来投资的财富积累对比（每月投资 1000 元，投资 30 年，年化收益率 6%）。

---

1 实施上，个人养老金的参与人需开立"个人养老金账户"和"个人养老金资金账户"两个独立和相互关联的账户。为了方便起见，这里统称"个人养老金账户"。我们会在后面专门讨论通过个人养老金资金账户可投资的产品。

不同税率水平下通过个人养老金账户和普通账户投资的财富对比

税前月收入（元）	税率	个人养老金账户 30年后收益（元）	普通账户30年 后收益（元）	通过养老金账户 带来的额外收益
5000 及以下	0	974380	1004515	-3.0%
5001～8000	3%	974380	974380	0.0%
8001～17000	10%	974380	904064	7.8%
17001～30000	20%	974380	803612	21.3%
30001～40000	25%	974380	753386	29.3%
40001～60000	30%	974380	703161	38.6%
60001～85000	35%	974380	652935	49.2%
85001 及以上	45%	974380	552483	76.4%

对于不纳税的投资者来说，通过普通账户投资目前来看反而会有更高收益——因为财富从养老金账户取出来的时候需缴纳 3% 的税，而普通账户投资目前没有投资收益税。但这是基于中国未来 30 年不征收投资收益税的假设基础上的。根据财税 [1998]61 号和财税 [2008]132 号文件，对个人转让上市公司股票的所得及储蓄存款孳生的利息所得暂免征收个人所得税。这里的关键词是"暂免"，国家保留了未来征收投资收益税的权力。

再看费率低。根据 2022 年 11 月 18 日银保监会发布的《商业银行和理财公司个人养老金业务管理暂行办法》：商业银行对资金账户免收年费、账户管理费、短信费、转账手续费；个人养老金理财产品发行机构、销售机构和托管机构应在商业可持续基础上，对个人养老金理财产品的管理费和托管费设置优惠的费率标准，豁免认（申）购费等销售费用。根据证监会公布的《个人养老金投资公开募集证券投资基金业务管理暂行规定》：个人养老金基金的单设份额类别不得收取销售服务费，可以豁免申购费等销售费用，可以对管理费和托管费实施一定的费率优惠。

对于长期投资，较小的费率差异可能会导致最终账户财富积累的巨大差异。假设投资者通过个人养老金账户投资的各种费用为 0.5%/ 年，而通过普通账户投资的费用为 1%/ 年 [1]，两种投资的费前年化收益率均为 6%。每月均投资 1000 元。假设不考虑税收因素，30 年后，个人养老金账户内会有 91.4 万元，而一般账户内只有 83.2 万元。也就是说，因为每年多缴付 0.5% 的费用，30 年后财富积累少了 8.2 万元，收益相差约 9.86%！如果考虑税收，假设该投资者的最高税率为 20%，在考虑到税收和费率因素后，其养老金账户 30 年后的总金额为 88.6 万元，普通账户只有 66.6 万元。两者相差约 33%。

如果普通账户的年费率为 1.5%，30 年后账户的总金额为 75.9 万元，相比个人养老金账户少积累了 15.4 万元，总收益率相差 16.9% [2]。

下表中列出了不同税率和费率水平下通过个人养老金账户和普通账户来投资的财富积累（每月投资 1000 元，投资 30 年，年化收益率 6%；个人养老金账户的优惠年费率为 0.5%，普通账户的年费率为 1%）。

不同税率和费率水平下通过个人养老金账户和普通账户来投资的财富积累

税前月收入（元）	税率	个人养老金账户（元）	普通账户（元）	通过个人养老金账户带来的额外收益
5000 及以下	0	886204	832259	6.5%
5001～8000	3%	886204	807291	9.8%
8001～17000	10%	886204	749033	18.3%
17001～30000	20%	886204	665807	33.1%
30001～40000	25%	886204	624194	42.0%
40001～60000	30%	886204	582581	52.1%
60001～85000	35%	886204	540968	63.8%
85001 及以上	45%	886204	457742	93.6%

上表显示，即使对于无须缴纳个人所得税的投资者来说，通过个人

---

1 某金融机构近期推出的养老产品，通过个人养老金账户投资的年费用（管理费和托管费）为 0.5%，而通过普通账户投资的年费用为 1%。

2 根据市场不同产品费率、收益预期和投资期限做的假设，投资者通过个人养老金账户投资所享受的优惠费率可以带来 3%～35% 的额外收益。

养老金账户来投资的优惠也是实实在在的。

最后我们来看看政府帮助筛选机构及产品带来的好处。金融市场提供了无数的风险、收益、费率等差异巨大的产品。个人如何选择呢？我们先看看《助推：如何做出有关健康、财富与幸福的最佳决策》这本书中的先例。

在 2000 年，瑞典要求其居民为个人的社会保障基金账户选择一个投资组合。个人可以自己构建投资组合，也可以接受政府推荐的投资组合。但政府很快就发现了严重问题：个人自己构建的组合非常不合理——平均有 96% 的资金投向了股票，48.2% 的资金投了瑞典本土公司，只有 4% 的资金投了费用低廉的指数型基金。反观政府推荐的投资组合——65% 的国外股票，17% 的瑞典本土股票，10% 的债券，8% 的对冲基金和私募股权基金；在所投的所有基金中，有 60% 是指数型基金。从投资费用来看，政府推荐的投资组合每年的管理费只有 0.17%，而个人自选的投资组合的年管理费平均高达 0.77%。从实际投资业绩来看，截至 2007 年 7 月，政府推荐的投资组合的收益率为 21.5%，而个人自选投资组合的平均收益率为 5.1%。

瑞典的经验告诉我们，如果在没有政府的协助下，完全凭个人自由选择投资，可能的结果未必对个人有利。

目前，我国监管机构对个人养老金产品的发行、销售、托管等机构都有严格的准入标准，对个人养老金产品也有明确规定："应当具备运作安全、成熟稳定、标的规范、侧重长期保值等基本特征。"这些规定和要求实质上就意味了政府帮助个人投资者初步筛选了机构及产品。

我国的个人养老金制度是一项重要的国家战略。国家设计的个人养老金体系具有"公益"性质：无论是从税优、优惠费率，还是从准入来看，都意在鼓励个人为养老早做准备、做好准备。对于个人来说，无论你交不交税，充分利用这个制度红利，通过个人养老金账户投资都是上策！

第三章

实现有钱养老的路径

认清现在的你（一）——家庭的净资产

元旦早晨 10 点左右，四人依约又聚在智富家的客厅。

"智富，您能指点一下我如何应对欠债吗？这个问题一天不解决，我一天睡不好觉。"子安刚坐下就问道，"今天凌晨回到家。我没敢惊动我太太，我就睡在客厅的沙发上。早上起来，刚开始，太太特别生气，问我为何这么晚回家。当她知道我昨天一晚都在您这里，听您分享'致富经'时，她一下子就特高兴，一直催我赶紧过来。"

"你太太真逗，"智富回答道，"她的心情我很理解，那我们今天先来讨论一下你的情况。昨晚我说过，养老规划的目标应该是'人活着，钱还有'，包括对突发事项，能做到从容应对，对重大事项，能做到完全掌控，没有大意外。在实现有钱养老这个目标的旅途中，我们必须攻克一些财富堡垒。你的欠债问题就是眼前必须攻克的一个堡垒。"

"如果我没有记错，你没有房贷，但因投资健身房失败欠债 20 万元，现在的利息是每个月 1%，10 个月后本金到期。另外，你有辆三年新的宝马 X5，还有 12 万元的车贷没还清。这两项是你目前最大的负债，对吗？"

"对的，智富。您记性真好！"

"你和你太太有信用卡债吗？"

"有，但不多，大约几千元吧！我们每个月都按时足额还款。"

"很好，你家有银行存款及基金、股票、信托这些投资吗？我不是想窥探你家隐私，但是只有弄清楚这些，我才能提供有价值的建议，才能帮上你。"

"没啥隐私，智富，我家没有太多存款和投资，大概就小几万元吧！具体数字我要手机上查一下，有些还要问我太太。"

"好的，我基本清楚了。等会儿我会请所有人填一张家庭的净资产表，请大家将自己家庭的所有资产和负债都列在上面，总资产和总负债之差就是家庭的净资产，就是我们的家庭财富。但在做这之前，我想问问子安，三年前你为何要买宝马 X5，应该不便宜吧？七八十万元？"

"嗯，嗯，当时各种税费七七八八的加起来总价应该是 75 万元左右。"子安有点窘迫，"当时健身房刚刚开张一个月，销售了不少健身卡，我觉得业务前景一片大好，有能力买一辆豪车。另外，我们的客户层次都不低，开着宝马在客户和朋友前面特有面子。也许是自己的虚荣心在作怪吧！"

富有与有钱

"虚荣心大家都有，只是程度不同而已。很多人拼命要买豪车、豪宅、名牌包和衣服，其实并不是他们真正想要或需要这些东西，而是他们认为拥有这些昂贵的物品会给他们带来尊重和赞美。

"事实上，他们大错特错。你的豪车、豪宅、名牌包和衣服不会赢得别人对你出自内心的尊重和赞美。你的为人、你的知识见地、你的优秀品质才能为你赢得他人的尊重和赞美。

"你们知道有钱和富有的区别吗？"

"有啥区别，老叔？"

"哈，区别大着呢！"智富喝了口茶后接着说道，"摩根·豪泽尔在

《金钱心理学》中详细讨论了这两者的区别。我也深有感触。'有钱'指的是当前收入高，是看得到的、外在的。比如，某人的皮带和衣服都是爱马仕的。如果这些都是此人自己买的，至少说明他手上还是有些钱的。再如，某人在上海陆家嘴中心地带有一套豪华公寓，那此人应该是有钱的，因为即使有房贷，首付也很吓人。

"但'富有'就很不一样。'富有'是看不到的。我银行的账户里有多少钱你是看不到的。我投资了多少在股市、买了多少信托产品你是看不到的。我没有买豪车、豪宅、5 克拉的钻戒省下来的钱你是看不到的。"

"嗯！很有道理！"大家异口同声道。

"我之前做信贷员的时候，碰到过不少'有钱'但并不'富有'的人。有个人我印象特别深。他是开矿的，家里、公司里有好多辆豪车，住的是 500 平方米的豪宅，抽的是 100 多元一包的香烟，他和他太太全身上上下下全都是大牌子。他还捐给某知名大学 1 亿元成立了一个研究院。但当我们到他公司查账的时候才发现，他根本不是'富翁'，而是'负翁'。他欠各种民间借贷超过 1 亿元，欠其他几个银行加起来有好几亿元，他用来捐赠的 1 亿元也是借来的。你说，这样的人富有吗？

"我们很容易发现身边的'有钱的人'，因为他们想让别人知道他们有钱。他们的穿着打扮，他们开的车、住的房子都在向世人宣告'我有钱'。但发现'富有的人'却不那么容易，因为他们的财富是隐蔽的，我们看不到的。

"在《邻家的百万富翁》这本书中，作者托马斯·斯坦利 (Thomas Stanley) 调研发现：一个典型的美国百万富翁从来没有花超过 399 美元去买过一件正装，无论是为自己还是别人；50% 的百万富翁从来没有花超过 140 美元去买过一双鞋；有一半的富翁这辈子买的手表没有超过 235 美元，25% 的人最贵的表不超过 100 美元 (最受富翁们欢迎的是精工表)；大约有一半的富翁不住在高档社区，很多人的生活水平远远低于他们的收入水平。

"最近几年，我在私人银行部碰到了不少真正富有的人。我越来越发现我们身边充满了看上去很'有钱'但其实口袋里空空如也的人，和看上去很平凡但非常富有的人。

我一直在说'有钱养老'，因为它通俗，一听就懂。如果我说'富有养老'，听上去会很别扭。但实际上，我希望我们退休的时候，能够富足、无忧地养老，而不只是外表看上去有钱。"

"太有哲理了，老叔。我看您就是平凡但很富有的人！您一定能富足、无忧地养老！"

"调皮！回到子安的问题。子安，解决你的问题其实很简单，你准备好了吗？"智富有点卖关子。

"早就准备好了！"子安搓了搓手，有点激动地说。

"我的建议就是：你将宝马车卖了。要么暂时不用车，我们小区交通很方便；要么买一辆经济实用的便宜得多的车，甚至可以考虑二手车。"

"啊？！"

"对的，子安。这个是解决你财务问题的最好的办法。你三年前花了75万元买的车，现在卖了，卖的资金在偿还车贷后，应该还有足够的钱用来还清20万元的外债。别忘了，不要做'有钱的穷人'。你不希望临退休的时候在宝马车里哭吧？在你做决定前，我想请大家花个30分钟填写一下各自的净资产表。"智富随即将打印好的表格递给三位客人。

"你们仔细填写，尽量做到数字准确。现在手机很方便，绝大多数信息手机上都能查到。如果对房子、二手车的市场价格不清楚，可以查看相关的专业网站，估算一下市场价格。我给大家30分钟时间。我出去散散步，一会儿见！"

家庭净资产表

"我回来了。大家都填好了吗？"

"早就填好了，老叔！"

"当然了，你工作才一年多，你的资产和负债肯定没有申泰和子安的复杂！"

"我们也都填好了。"申泰和子安也说道。

"好的。子安，如果你不介意，我们就来分析分析你的表格，可以吗？"

"不介意，不介意！"子安一边说一边将填好的表格递给智富。

"多谢子安！"智富接过表格说道，"这个表格是我自己设计的。我先来解释一下这张表格的用途是什么。用途其实很简单，我来打个比方。假设我们要移民到火星，每人只能带两只箱子。在移民前，我们必须将家里所有资产都变现，还清所有债务后剩下的，就是我们的净资产。我们要将每一项有价值的资产和负债都列出来。衣服鞋帽这些就不用列了。因为，这些都是要塞到箱子里带走的，带不走的也基本卖不出什么钱，没有人要买我们穿过的袜子。"

"哈哈哈！老同学，你说得好形象啊！"

"谢谢申泰。不知道大家注意到没有，这张表格最上面的一块是流动性强或较强的资产。大家清楚什么叫流动性吗？"

"我知道，流动性就是资产快速变现的能力。"申泰回答道。

"说对了一半，老同学。**流动性有两层含义。第一，快速变现的能力；第二，变现的时候，出现显著的亏损的可能**。如果一项资产可以快速变现，并且不会出现显著亏损，这样的资产就是流动性高的资产。例如，很多大盘股，如果买卖的资金量不大，就属于流动性强的资产。反观一些不活跃的小盘股，哪怕只买卖几手，价格可能就会出现较大波动，这些股票的流动性就差。房产的流动性更差。一个正常市价为1000万元的房子，可能需要几个礼拜买卖双方才能达成交易；但如果卖方将房子定价为500万元，可能挂出来的那一刻就会成交，但会出现明显亏损。"

子安的家庭净资产表　　　　（单位：元）

资产 / 债务描述	当前市场价值	−	负债	=	净资产
现金	800	−		=	800
银行活期存款 1	2999	−		=	2999
银行活期存款 2	5000	−		=	5000
支付宝、微信零钱	100	−		=	100
货币基金、各种短期理财产品		−		=	
股票、债券投资	20000	−		=	20000
非货币公募基金		−		=	
银行定期存款 1	10000	−		=	10000
银行定期存款 2		−		=	
其他		−		=	
流动性强、较强的资产合计	38899	−		=	38899
中长期理财产品		−		=	
私募基金、信托产品		−		=	
投资型保险		−		=	
家具	80000	−		=	80000
珠宝、古玩字画等收藏品	60000	−		=	60000
其他		−		=	
流动性低的资产合计	140000				140000
基本养老金个人账户	120000	−			120000
企业年金 / 职业年金		−		=	−
个人养老金账户	1	−		=	1
退休前无法动用的资产合计	120001				120001
房产 1（自住）	12000000	−	−	=	12000000
房产 2		−		=	
车 1：开了 3 年的宝马 X5	400000	−	120000	=	280000
车 2		−		=	
其他		−		=	
贷款还清前都不属于你的资产合计	12400000		120000		12280000
尚未交付的水电煤网络费等		−	500	=	−500

续表

资产/债务描述	当前市场价值	−	负债	=	净资产
信用卡债		−	5500	=	−5500
其他债务（借款利息 1%/月）		−	200000	=	−200000
其他		−		=	
纯负债（负资产）合计	−		206000		−206000
合计	12698900	−	326000	=	12372900
其中：除去自住房产和退休前无法动用资产总计	578899	−	326000	=	252899
其中：时刻警惕的资产，包括贷款还清前都不属于你的资产和纯负债资产	12400000	−	326000	=	12074000

　　"现在各大银行都推出了各种各样理财产品，包括活钱管理——如果需要资金，在一定金额范围内可以即刻到账或 T+1 日到账（T：指的是发出指令的当日，为除节假日外的周一至周五）的稳健固收、投资增益等风险收益特征和期限各异的产品。活钱管理类产品的流动性强，相对的收益预期就会低。其他的理财产品的流动性相对差些。如果是封闭式的产品，要到期才能赎回。比如，1 年封闭式的固收类理财产品，指的是投资期限为 1 年，投资的标的为固定收益类证券。

　　"这里，我将定期存款列为流动性较强的资产。因为在中国，我们还是可以将定期存款提前取出的，只不过这么做的话，利息是按照活期计算的。

　　"第二部分是流动性低的资产，包括中长期理财产品、私募基金、信托产品、投资型保险、比较值钱的家具和珠宝、古玩字画等收藏品，等等。多数理财产品和信托产品是封闭式的，即只有产品到期了才能赎回。不少私募产品都是有锁定期的，在锁定期内，投资者是不能赎回的。即使过了锁定期，不少产品也只是每个月或每周打开一次，投资者并不能随时赎回。

"第三部分是在退休前无法动用的资产，包括我们昨晚聊到的养老的三个支柱。退休时，我们的基本养老金包括社会统筹养老金和个人账户养老金两个部分。我这里只列出了个人账户部分，因为这一部分是完全归属个人、可以继承的。如果某人改变国籍了，这部分的资金也是可以拿出来的。具体如何估算这部分资产，还是比较复杂的。我等会儿转发一篇我的《智富的致富经——如何估算退休时的基本养老金》给你们。

"第四部分是有抵押的资产，我称为'**贷款还清前都不属于你的资产**'，包括房子、车和其他通过抵押购置的资产。

"第五部分是纯粹的负债（负的资产），包括欠的水电气费、手机套餐费、网费、信用卡债和其他债务。

"我将第四部分和第五部分统称为'**时刻警惕的资产**'。我们通常需要按月足额支付相应的贷款或费用。其中一个特例是信用卡债。我们可以选择偿还每月的最低还款额，而不是足额还款。但这么做，在财务上往往是很愚蠢的，因为你要为此支付高昂的利息。

"不好意思，我一口气讲了这么多，忘记问大家是否都清楚什么意思了。"

"清楚的，老叔！"

"刚才填写的时候，不是很清楚您为何这样排列不同的资产或负债。现在我清楚了。谢谢老同学。"

"大家清楚就好。我们来看看子安的净资产表。

"先看总的净资产。子安家的净资产看上去不少——约有1237万元。但如果除去自住的房子和退休前都不能动用的资产，净资产只有25万元左右。

"再看流动性，流动性强或较强的资产总共才有3.9万元左右。但子安在一年内要偿还的债务却很高，包括还有10个月就到期的20万元的高息债务（连本带息22万元）和每个月要支付的车贷。如果按照12万元两年还计算，我估算今年连本带息需要支付 6 万多元的车贷。也就是说，未来一年内，单单这两项，子安需要支付的总债务就超过 28 万元。

"解决这个问题有几种途径。第一，多赚钱。但鉴于子安刚刚开始新工作，太太还有三个月就生养，这个途径短期内实现有难度。第二，节衣缩食。这个也不太现实。子安昨天说还要请月嫂，而且孩子出生后，会多出许多费用。第三，向父母伸手要钱。这个我不评判，因为每个家庭的情况都不一样，但我个人不建议这么做。第四，借新债还旧债。这个是自杀行为，想都不要想。第五，卖资产。这个途径是目前最现实也最可行的。

"大家看看子安家的资产，能够现在卖出并能解决实际问题的就是宝马车和房子。但我估计子安现在是不会卖房子的。对吧，子安？"

"现在绝对不能卖啊！等过两年，如果要换大房子了，才会考虑。"

"我同意。你这房子没有房贷，太太又要生养了，目前不用折腾。那目前最佳的选择就是将宝马车卖了。你看，车目前的市价为 40 万元，卖掉后你不但可以还清 12 万元的车贷和 20 万元的高息债务，还能剩下 8 万元作为流动资金。我个人建议你暂时不要买车，我们小区车位很紧张，你将车位出租出去，每个月还能赚大几百元。如果实在需要车，可以买一辆 8 万元左右的二手车，这样你就没有任何债务的压力了！"

"智富，您的分析很有道理。只要走出卖车这步棋，整盘棋都活了。不但每个月不用背负那么重的债务，而且如果不再买车，并将车位出租出去后还能有现金收入，也不用再支付保险费、车的维护费这些了。我已经被完全说服了。我回去和太太商量一下，她对车没有什么概念，从来也不开车，我相信她会同意卖车的。"

"对的，应该先好好和太太商量一下，卖车也不是一个小决定。但我坚信这是个正确的决定。如果需要，我也可以和你太太聊聊。"

"太感谢了！您是中国好邻居！"子安由衷地对智富说。

"千万别客气。你忘了我们昨晚聊的'给予'？和大家分享，我很开心，有益我身心健康。利人利己，何乐而不为呢？

对了，建议你看看我昨天提到过的《邻家的百万富翁》这本书。在这本书中，你会发现在作者调研的美国百万富翁中，有 50% 的人一生中购买汽车的花费从未超过 29000 美元。有 36.6% 的人倾向于只购买二手车。这些喜欢买二手车的富翁认为节俭是实现财富自由的关键。为了避免做出非理性或炫耀性巨额消费，他们不断提醒自己：许多拥有大牌服饰、珠宝、汽车和泳池的人最终拥有的财富很少。他们也经常这么教育自己的孩子。"

"好的，好的。我等会儿就下单买这本书！"

智富的致富经——如何估算退休时的基本养老金[1]

2022 年 11 月，我国个人养老金制度正式落地。个人养老金属于养老体系的第三支柱，它的意义是在国家基本养老保险（第一支柱）和职业年金（第二支柱）的基础上再增加一份积累，让有意提高养老收入的人群退休后能够再多一份收入，进一步提高退休后的生活水平。

我国养老体系现状是以第一支柱为主体，第二支柱覆盖面狭窄。如今第三支柱已起步，个人养老金每年 12000 元税优额度和四大类可投产品（养老储蓄、理财、保险和基金）的选择权被完全赋予个人，个人自愿、自负盈亏。显然，要正确选择个人养老金的参与方案，前提是搞清楚自己基本养老金的预估收入，从而筹划养老需求与基本养老金之间的缺口如何填补。

---

1 本部分内容为作者基于童雪敏女士的《养老规划之基本养老保险的预估与筹划》修改而成。感谢童雪敏女士的支持。

一、基本养老金的个人账户和统筹账户

按缴纳主体不同，我国的基本养老保险分两类——城乡居民养老保险和城镇职工养老保险。城乡居民养老保险由个人自行缴纳，财政补贴。缴纳少，退休后领取也少。据人力资源和社会保障部 2021 年统计，此类养老保险的人均每月领取额仅为 179 元。另一类基本养老保险——工薪一族所关注的城镇职工养老保险，是社保五个险种中的一种，一般由用人单位代缴，现在也可按灵活就业自行缴纳。

城镇职工养老保险的缴纳基数是个人税前月工资，由个人和用人单位各自按一定比例缴存。**本着个人账户与统筹结合的原则，它被拆分为两个账户，一是个人账户养老金，它来自个人缴纳的 8%，实行完全积累制，账户余额及其投资回报完全归属个人，可以继承；二是统筹账户养老金，它来自单位缴纳的 16%，实行现收现付制，它不是归属个人的实际账户，而是国家统筹下的虚记账户。**因此，现在工薪一族缴纳到统筹账户的退休金，被支付给现在的退休人员，而未来退休人员的统筹账户退休金，将来自未来工薪一族缴纳的统筹资金。

二、领取额拆解

1. 个人账户养老金

个人账户养老金的领取额相对容易估算，简而言之就是存多少，领多少。公式如下：

$$每月个人账户养老金领取额 =$$
$$个人账户积累额 \div 计发月数 =$$
$$（个人缴纳总额 + 投资回报）\div 计发月数$$

注意这两个变量：

第一是投资回报，因为个人账户养老金是有投资收益（称为"利息收入"）的。第一支柱账户余额会交由各省或全国社保基金集中投资，

投资收益归属个人，每年记账利率现由全国统一公布，根据人力资源和社会保障部的数据，2021 年个人账户的记账利率是 6.7%，2017—2021 年，5 年的复合年化利率是 7.2%[1]。

第二是计发月数[2]，它体现了对退休后多少个月完成领取的预估。按现行制度，若 60 岁退休，计发月数为 139 个月；若 65 岁退休，计发月数为 101 个月。计发月数越少，则每月可领到的退休金越多。我国基本养老金是终身领取制，随着预期寿命的增长，实际领取月数远超计发月数的情况很常见，此时个人账户实际已经被取完，但仍将按原定金额继续发放，发放资金将来自国家统筹。若不幸实际领取月数还未达到计发月数，个人账户剩余金额是可以继承的。

假设小强从 25 岁开始工作，税前月薪 10000 元，个人账户平均记账利率是 6%，这里我们可以做两个情景假设——

情景一：按现行退休政策于 60 岁退休，小强将工作 35 年，计发月数是 139 个月。

个人账户积累额 $=10000 \times 8\% \times 12 \times 35+$ 历年利息总和 $=336000+803768$ 元 $=1139768$（元），

每月个人账户养老金领取额 $=1139768 \div 139 \approx 8199.77$（元）。

情景二：延迟至 65 岁退休，小强将工作 40 年，计发月数是 101 个月。

个人账户积累额 $=10000 \times 8\% \times 12 \times 40+$ 历年利息总和 $=384000+1209192=1593193$（元），

每月个人账户养老金领取额 $=1593193 \div 101 \approx 15774.18$（元）。

情景二比情景一晚了 5 年退休，但每月个人账户领取额增长了 92.37%。

---

1 数据来源于各年度全国社会保障基金理事会社保基金年度报告。
2 数据来源于各年度《关于完善企业职工基本养老保险制度的决定》国发 [2005]38 号。

2. 统筹账户养老金

每月统筹账户养老金领取额＝上年度全省在岗职工月平均工资 ×（1＋月平均缴费指数）÷2× 缴费年数 ×1%。

注意三个变量：

第一是上年度全省在岗职工月平均工资（以下简称"社平工资"），它每年都在变化，显然，如果能选择在经济发达省或直辖市退休更为有利，因为这些地区的社平工资更高。

第二是月平均缴费指数，缴费指数是参保人每月实际缴纳社保的工资基数与缴费时当地社平工资的比值，按现行制度，缴费指数这个变量最低60%，最高300%。"（1＋月平均缴费指数）÷2"的含义是将参保人历年缴费指数与100%缴费指数做个平均，相当于稀释缴费指数的差异。

第三是缴费年数，它就是总缴费月数除以12。

按上文情景一：小强从 25 岁工作，至 60 岁退休，缴费 35 年不中断，当地社平工资假定正好也是 10000 元，则小强的缴费指数 =10000/10000 = 100%。

每月统筹账户养老金领取额 =10000 ×（1+100%）÷2×35×1%=3500（元）。

按上文情景二：小强至 65 岁退休，缴费 40 年不中断，其他条件一致。

每月统筹账户养老金领取额 =10000 ×（1+100%）÷2×40×1%=4000（元）。

情景二比情景一晚了 5 年退休，但统筹账户养老金领取额只增长了14.3%。

我们可以这样理解统筹账户的设计意图，假设某人的工资一直和当地平均工资一致，那么他工作缴社保 N 年，退休时从统筹账户就可以领到当地社平工资的N%，30 年就是领社平工资的30%，40 年就是领社平工资的 40%。

可见基本养老金的个人账户与统筹账户的差异——个人账户是存得多，取得多，意在让个人多缴多得、享受投资收益；统筹账户是存得久，取得多，领取金额与缴费年限是等比例增长关系，但缴费额（缴费指数）的增长，并不能使领取金额等比例增长，它会被稀释掉一半，意在调节收入差异，这就是统筹的含义。二者另一个差异是，个人账户是以投资回报抵御长期通货膨胀的，但它在退休时就确定了一个固定领取金额；统筹账户则没有计息和通胀的问题，它随着退休后当地社平工资而水涨船高。

合并总结：情景一，60 岁退休

小强每月基本养老金 = 个人账户 8199.77+ 统筹账户 3500= 11699.77（元）。

情景二，65 岁退休

小强每月基本养老金 = 个人账户 15774.18+ 统筹账户 4000=19774.18（元）。

三、筹划与建议

我们希望每个人都尽可能地维持社保缴纳，因为这不单单涉及退休金多少的问题，还影响了医保报销、生育金、失业保险等一系列问题。可能有很多人正在面临选择社保缴费基数的问题或者灵活就业是否缴纳社保的问题，我的建议是，**如果缴费预算有限，那么选择低的缴费基数，但尽可能延长缴费年限**。缴得久但不中断，比缴得多要更有用。

上文在对小强的基本养老金进行估算时，有一些过于理想化的假设。

其一，我们假设小强有着长达 35 年或 40 年的职业生涯，且从不中断社保。这一点在现实中很难做到。例如，不少人在工作数年后会选择全职回学校读书。

其二，我们假设的个人账户记账利率为 6%。虽然这个利率和过去几年的利率相比看似合理，但未来几十年的时间里未必能实现。如果我们假设未来利率只有 4%，那小强在 60 岁（65 岁）退休时能够领取的基本养老金只有 8758.88 元（133627.07 元）了。

其三，我们假设小强的工资是不变的。在正常情况下，我们的工资会随着资历的增加而增长。

其四，也是最关键的假设，那就是假定国家的基本养老金政策不变。但在老龄化大趋势下，政策是否会调整，我们不得而知。

所以，我们依然建议小强未雨绸缪，通过储蓄、保险、个人养老金投资等手段，为自己的终身养老安全多加一份保障。

认清现在的你（二）——家庭的收支表

"老同学，子安的问题算是有个解决方案了，我们来分析一下你的情况吧！"

"太好了，就等这一刻啦！"申泰开心地说。

"我们今天先分析你的燃眉之急——高额房贷的问题。"

"嗯，嗯！如果能解决这个燃眉之急，就解决了我大半的问题了！"

"为了分析这个问题，我需要请大家再填一份表格——你们家庭每个月的收支表，有人称之为家庭的现金流量表。这个表显示的是'**钱从哪里来，又流向何处**'。该表列出了所有税后收入来源和所有支出，包括储蓄、投资、捐赠、保险、还贷（房贷、车贷和其他贷款）和各种生活费用支出。但我想提醒一点：**在中国，个人所得税是按年计算的，但对于绝大多数人来说，是按月计征的** [1]。对收入较高人群，这种计算和计

---

1 个人所得税的征收方式可分为按月 / 按次计征和按年计征。个体工商户的生产、经营所得，对企业事业单位的承包经营、承租经营所得，特定行业的工资、薪金所得，从中国境外取得的所得，实行按年计征应纳税额，其他所得应纳税额实行按月 / 按次计征。

征方式会导致每年前几个月的税后收入显得较高，而在年末的几个月，税后收入会显得较少。因此，我建议用年税后收入除以 12 作为月税后收入。

"现在 11 点多了，填好这个表后，我们就吃中饭吧！你们先填着，我去热菜，再做一个素菜和一份汤。"

房贷太高，怎么办？

做好午饭后，智富招呼客人们入座："大家快来入座。你们看，我还是很能干的吧！几十分钟就搞定一桌饭菜。我们边吃边聊。

"申泰，你先不要将你的家庭收支表给我看。你只要给我一个数字，我就能帮你解决燃眉之急，你信不信？"智富有点故弄玄虚地说道。

"老同学，是不是因为今天是元旦啊？你今天有点高调啊！好，你需要什么数字？"

"你家税后总收入多少？"

"就这个啊？我和太太每月税后工资收入加起来大约 4 万元人民币。我兼职收入平均下来每月有 5000 元左右。总共 4.5 万元。"

"我清楚了。你昨天说过每月房贷是 2.5 万元，对吗？"

"对的，2.5 万元！是不是太高啦？"

"确实太高了。我再问你，你的太太和两个孩子都在外地，为何 7 年前要买这个房子？"

"这个嘛，几个原因。首先，我特别喜欢上海，希望有一天能够回到上海工作或定居。你看，我去年不就回来了吗？其次，我一直觉得一线城市好地段的房子有保值增值的功能。我当时也没有太多奢望，就想能够抵御通货膨胀就好。再有，我家当时正好有些资金，自己房子的房贷也还清了，其他也没有太多投资渠道。上海的一位好朋友正好是小区开发商的高管，他认为上海好地段的一手房还是有投资价值的，我觉得他说得很对。基于这些原因，当时就咬咬牙付了首付，申请了 30 年的贷款，将这个房子买了下来。

"刚开始几年，房贷压力还不算大，因为我们手上预留了一些现金作为前两年的月供。而且房子拿到手后，我们将房子出租了，虽然房租不高，但也减缓了一些压力。但去年开始，因为我回到上海发展，我就一个人住这个房子。这一下子，还贷压力就大了。"

"谢谢申泰，说得很实在。我来深入分析一下。你们吃啊！我昨晚吃得太多，还没有完全消化。我多说些。"智富指着一桌的饭菜对三位客人说。

"申泰，首先，你说'特别喜欢上海，希望有一天能够回到上海工作或定居'，我认为这个不应该是购房原因，至少不应该是首要原因。为什么在某地工作或定居就一定要买房呢？租房不行吗？上海很大，发展也很快，如果你理想的工作办公地点在浦东，但房子买在了松江，从家到单位需要一个多小时，你怎么办？你喜欢上海，可能是因为你在上海读大学，对上海有独特的感情，但那是 20 多年前的事情了。万一你现在回到上海后，找不到理想的工作，又想离开上海，房子是继续持有吗？

"第二，你认为'一线城市好地段的房子有保值增值的功能'。未必！过去的二三十年，中国房地产市场的发展速度可以说在世界上都是绝无仅有的——从福利分房转向商品房、城镇化进程推进、住房改善需求、旧房改造、货币供应量剧增、炒房、土地财政等这些因素都造成了中国的房价在过去 20 多年大幅上升。但房地产野蛮生长的时代已经过去了。在'房子是用来住的，不是用来炒的'大政方针的指导下，也许房价能够跟得上通货膨胀，做到保值，但如果预期房价还会像过去那样长期大幅上涨，到头来可能会很失望。

"中国的房价受人口、户籍政策、土地政策、货币政策等诸多因素的影响。目前，**中国已经进入老龄化社会，人口出生率连续多年下滑。2022 年，中国自 1961 年以来出现首次人口负增长。**根据联合国人口开发署 2022 年的预测数据，中国 65 岁及以上老年人口比例将在未来数十年内不断增加。**中国目前人口发展的大趋势对房地产来说，未必是很有利的。**

"第三，你说当时手上有笔钱，没有太多投资渠道，一位做地产的朋友认为上海的一手房有投资价值。确实，即使在今天，我们的投资渠道也还是有限的。比如，我们不能轻易地投资全球股市。也确实由于政府管控，在上海很多地方，一手房的价格相对于二手房的价格是偏低的。这就是为什么现在购买一手房需要看积分、摇号。但如果今后房价上涨空间有限，如果投资收入主要来自租金收入，那投资房产的回报率将会让你大失所望。目前上海的租金回报率，即租售比（年租金和房价之比）不到2%[1]，其他一线城市的租售比更低。

"第四，某项投资是否合理，不能单看它是否有投资价值，还要看它和自己已有投资之间的相关性。假设房产已经占你全部资产的80%了，你还有必要再贷款加杠杆投资房产吗？再有，还要看你对该投资价格波动的承受能力。**如果价格跌了10%，你晚上就睡不好觉了。那再好的投资，也不要考虑。不值得。**

"最后，你说当时是'咬咬牙付了首付'。这说明这项投资对于当时你的家庭来说过于沉重了。一般来说，一个家庭每月在房产上的开销应以不超过收入的30%为宜。当然了，在高房价的一二线城市，个人可以根据实际情况，突破30%——比如，预期未来家庭收入会不断增加，房产上的开销也可以增加。你现在房贷是2.5万元，收入是4.5万元，房贷占比太高了。投资房产还有一个基本原则：不要在投资房上耗尽你的流动资金。不要想当然地认为房子就一定能够出租出去。万一房子有好几个月空着呢？你是否为了应付每月的房贷，而忽视了在子女教育基金、个人养老方面的投资？

"而且，即使你能将房子出租出去，如果碰上一个不靠谱的租客，你

---

1 数据来源于中国地产网2023年7月20日发布的储蓄科技的文章《2023上半年全国租金收益下滑，租金回报跑赢1年期存款利率》。

的头会很大。即使租客靠谱，你也要有心理准备应对额外的开支。"

"对的，我之前的租客整体还算靠谱。但前年，南房间的中央空调坏了，我不得不找人修。租客退房时，我在外地。我是请朋友来验房的，但朋友没有打开客厅边上洗手台的柜子查看。等我自己住进来才发现洗手台往下渗水，柜子里面都发黑发霉了，又要花钱或修或换。这些问题都是我当初买房时没有想到的。"申泰叹了口气。

"是啊，申泰。当房东也不容易！"

"不容易！老同学，你说了这么多，我感觉你是不赞同我当初买这个房子的，对吧？但现在买都买了。你的建议是什么？"

"现在回头看看，你的这个投资还是赚了钱的。但我是比较保守的，当初如果是我，我可能不会买这么贵的房子，压力太大了，而且当时上海的房价已经不低了。很多事后赚钱的投资，在事前未必是理性或合理的。

"对于如何解决你的房贷压力问题，我的方案有两个。第一，将房子卖了。卖了后，将房贷还了，还有很大一笔的资金可用于投资子女教育、养老、赡养父母。如果我是你，我会卖。但如果你实在不想卖，那我的第二个方案就是：将房子出租出去。你现在一个人不需要住三室的房子，你太太和孩子暂时也不会过来，对吧？你的房子还蛮新的，位置也很好，现在出租出去月租金应该超过 2 万元。等房地产市场恢复元气了，租金可能还会更高。你自己目前一个人，完全可以租个小的房子。"

"智富，你这么一说，我有了豁然开朗的感觉。我一直觉得自己在上海必须住自己的房子，哪怕就我一个人。我从来没有想过将房子出租出去，自己租个小的。这么一进一出，我应该每个月会多出 1 万多元的收入。太棒了！怪不得你刚刚说我只要给你一个数字，你就能解决我的燃眉之急，果真如此！专家就是专家！"

"老同学，谬赞了！我也听明白了，你是不想卖这个房子的，选的是第二个方案。"

"老叔，您刚刚的分析我都仔细听了，其实，很多道理也适合我。我现在的房子租金相对于我的收入太高了，我这几天就找中介看房子。"雅琪插话道。

"很好的新年决定，雅琪！大家多吃点菜啊！不能再剩下了！"

从家庭收支表找致富突破口

"大家继续吃。我将申泰的家庭收支表拍个照，然后投影到对面的墙上。我们边吃边分析。"

不一会儿的工夫，智富就将照片投影到了墙上。

"大家看看这份收支表。除了刚刚讨论的房贷过高，超过总收入55%的问题，还有什么问题？"

申泰的家庭收支表

税后收入／支出	金额（元）	占总收入或总支出之比
工资收入	40000	88.9%
兼职收入	5000	11.1%
其他收入（奖金、稿费、分红、父母赠予等）	0	0.0%
税后收入合计	45000	100.0%
现金、储蓄／短期理财	1000	2.2%
个人养老金账户	1000	2.2%
应急基金	0	0.0%
保险（人寿险、健康险、财产险等）	0	0.0%
捐赠	300	0.7%
养老基金	500	1.1%
购房基金	0	0.0%
子女教育基金	0	0.0%
赡养基金	0	0.0%
"登火星"基金	0	0.0%
其他	0	0.0%
储蓄、投资、捐赠、保险合计	2800	6.2%
房贷	25000	55.6%
车贷	0	0.0%

续表

税后收入 / 支出	金额（元）	占总收入或总支出之比
信用卡债	0	0.0%
其他贷款或债务	0	0.0%
每月还贷、还债合计	25000	55.6%
正常伙食费＋柴米油盐	5000	11.1%
房租	0	0.0%
水、电、气、宽带、手机费用	800	1.8%
医疗费（包括看牙医等）	1000	2.2%
自我提升（书、网课、讲座、健身等）	300	0.7%
交通费／汽油费／车保险	1200	2.7%
子女教育费（补习、课外活动费用）	4000	8.9%
衣服、鞋帽	800	1.8%
旅游	1000	2.2%
外卖＋餐厅吃饭	1000	2.2%
钟点工佣金	0	0.0%
习惯性消费（烟酒、咖啡、奶茶等）	400	0.9%
社交（聚餐、娱乐等）	700	1.6%
其他（礼金、礼品等）	1000	2.2%
各种生活费用合计	17200	38.2%
总支出合计	45000	100.0%

"老叔，我看不出有什么问题啊！申泰家有两个小孩，一家四口，我感觉这些开销都是很正常的开销啊！对了，老叔，什么是'登火星'基金啊？刚才填表的时候，我就觉得很奇怪。"雅琪上上下下将表看了几遍后说。

"我们可以用很少量的资金来投资或'投机'那些高风险、高收益的资产，我称这部分资金为'登火星'基金——如果成功了，我们就能获得数倍甚至几十倍的回报；如果失败了，我们可能亏损严重。**这种用于高风险投资的基金只有在其他储蓄、投资、保险等都有保障的前提下才能考虑。对于多数人来说，可以不用考虑这样的投资／投机**。我会在谈投资的时候再详细说明。"

"我看出来了，"子安说，"子女教育基金和保险是不是不应该是零啊？"

"太棒了！子安。"智富又向子安竖起了大拇指。

"在没有对照申泰的家庭净资产表的情况下，如果只是看这个月的收支表，相对于收入，申泰家每个月用在储蓄、投资、捐赠、保险上的钱确实是太少了！加起来才6.2%。你们还记得昨晚我提到的《富爸爸、穷爸爸》的作者清崎年轻时为了尽快积累财富是怎么做的吗？"

"我记得！"雅琪调皮地举起手说，"他和妻子决定每赚1美元，就必须将其中的30美分作为'开支'用于储蓄、捐献和投资。"

"还是年轻人记性好，"智富也向雅琪竖起了大拇指说，"我之前还提到'全球投资之父'邓普顿爵士。邓普顿即使在人生最困难的时期，还和妻子坚持他们对自己的承诺：每挣一美元就拿出50美分用于储蓄和投资。这不是一个轻易就能实现的承诺——这需要意志力、锲而不舍的精神和对未来的坚定信念。他坚信成功与储蓄密切相关。他在很早的时候就设定了一个目标，即租金不超过年度'可消费收入'（交税、储蓄和投资后剩下的钱）的16%。由于他善于寻找廉价的地下室出租房，他的租房支出远远不到16%。"

"啊！这么厉害啊！如果没有年终奖，我的租金要超过我可消费收入的50%了！我必须换个房子，向邓普顿爵士学习，努力储蓄和投资！"雅琪边说边有力地挥动右拳。

"很好。我们假设申泰将自己的大房子出租，月租金是25000元。自己租个小房子，月租金是8000元。通过这样的'置换'，每个月多出了17000元的收入。如何处理这多出的17000元？是用于增加生活费用的支出，还是增加储蓄或投资，还是捐赠或买保险？"

"储蓄加捐赠！"雅琪叫道。

"子女教育基金加保险！"子安说道。

"如果要做出合理的推荐，我们必须对照净资产表和设定的财富目标。家庭收支表只表示某段时间内，如一个月内，家庭的各项收入和各项支出，是个流量。而家庭净资产表则显示家庭在某个时间点，如12月31日，所拥有的各项资产和负债，是个存量。这两张表是相连的：如果在某段时间内，收入大于支出，一般来说，家庭的净资产会增加，但当投资资产价格缩水的时候，净资产可能会减少。"

"举个极端的例子。如果申泰家的家庭净资产表上显示，在基金方面的投资已经达到10亿元了，从达到有钱养老这个目标来看，他在这个月或下个月甚至一辈子就都没有必要继续投资基金了。

"申泰，你对自家状况最了解，你觉得这多出来的17000元可以用在何处？"

"说句实话，我家目前除了几十万元活期存款、养老金和一些公募基金投资，其他的非房产投资几乎没有。除生活正常开支外，每个月支付完房贷和子女补习/课外活动费用后，就没有什么钱剩下了。我觉得这17000元可投在子女教育基金、保险、赡养基金、养老基金和捐赠这些项目上。我个人不太愿意投资风险特别高的资产，'登火星'基金就不投了。除了自我提升，我不想再增加任何开支了。目前我和太太用于自我提升的费用才300元一个月，我们应增加这方面投资。但受到老同学的启发，我想从其他开支中'挤出'钱来。比如，我们可以减少叫外卖和到餐厅用餐的费用，减少咖啡、奶茶这些习惯性消费。"

"赞！"智富对着申泰竖起了大拇指，"博士就是博士，学习能力就是强！人一生中最重要的投资就是对自己的投资。但很多人离开校园后，就忘记了投资自己，一辈子都不再碰书或参加培训。我们平常花几百元甚至几千元吃顿饭眼睛眨都不眨一下，但要花几十元买本书，或花几百元参加讲座，却要左思右想，怎么都舍不得。

假设申泰将多出的17000元全部用于储蓄、投资、捐赠、保险，该项目上的总金额就达到了19800元，为了计算方便，凑整到2万元，占总收入的约 28.6%——接近清崎家的标准了！由于目前国家规定个人养老金账户每年只能投 12000 元，即每个月 1000 元，这一项无法再增加了，我较为随意地将这 17000 元分配在几个项目下。由于申泰已经有足够的流动资金用于'应急'，我没有在应急基金项下分配任何资金。下面这个表就是调整后的申泰的家庭收支表。"

调整后的申泰的家庭收支表

税后收入／支出	金额（元）	占总收入或总支出之比
工资收入	40000	57.1%
兼职收入	5000	7.1%
其他收入（房租）	25000	35.7%
税后收入合计	70000	100.0%
现金、储蓄／短期理财	1000	1.4%
个人养老金账户	1000	1.4%
应急基金	0	0.0%
保险（人寿险、健康险、财产险等）	2000	2.9%
捐赠	1000	1.4%
养老基金	9000	12.9%
购房基金	0	0.0%
子女教育基金	4500	6.4%
赡养基金	1500	3.3%
登火星基金	0	0.0%
其他	0	0.0%
储蓄、投资、捐赠、保险合计	20000	28.6%
房贷	25000	35.7%
车贷	0	0.0%
信用卡债	0	0.0%
其他贷款或债务	0	0.0%
每月还贷、还债合计	25000	35.7%
正常伙食费＋柴米油盐	5000	7.1%
房租	8000	11.4%
水、电、气、宽带、手机费用	800	1.1%

续表

税后收入 / 支出	金额（元）	占总收入或总支出之比
医疗费（包括看牙医等）	1000	1.4%
自我提升（书、网课、讲座、健身等）	600	0.9%
交通费 / 汽油费 / 车保险	1200	1.7%
子女教育费（补习、课外活动费用）	4000	5.7%
衣服、鞋帽	800	1.1%
旅游	1000	1.4%
外卖 + 餐厅吃饭	700	1.0%
钟点工佣金	0	0.0%
习惯性消费（烟酒、咖啡、奶茶等）	200	0.3%
社交（聚餐、娱乐等）	700	1.0%
其他（礼金、礼品等）	1000	1.4%
各种生活费用合计	25000	35.7%
总支出合计	70000	100.0%

"至于养老基金账户是否应该放9000元，子女教育基金4500元是多还是少，这个还是要根据申泰家的具体情况深入分析。**需要根据申泰家设定的未来养老目标，结合目前的财务状况和对未来收入和支出的预期，来制订现实可行的预算和投资计划。**"

增加投资型支出，减少消费型支出

智富继续说："根据申泰自己的想法，我也稍微调整了几项生活费用支出：增加了'自我提升'的支出，同时减少了'外卖 + 餐厅吃饭'和'习惯性消费'的支出。在费用方面，一个基本原则就是：**可以增加投资型支出，如用于'自我提升'的开支。**此类支出是能带来增值的。

"在全球畅销书《巨人的方法》一书中，作者蒂姆·费里斯采访了100多位在各个领域的杰出人物。费里斯问了每个人11个相同的问题，其中一个问题就是"你做过的最好或最有价值的投资是什么？"这些杰出人物的回答高度一致——投资自己，包括阅读、听课、请培训师、健

身等。1951 年，21 岁的巴菲特花了当时算是巨资的 100 美元参加了美国
现代成人教育之父、成功学大师戴尔·卡耐基的培训课。他认为这个课
程的价值是无法估量的，因为良好的沟通技能极大地丰富了他的人生。

"另一点就是我们昨天反复强调的——尽可能减少或消除非必要的消
费性支出。我们还要有勇气对一些非必要的社交活动说'不'！

"我看大家也吃得差不多了。我们中午休息一下吧。下午 2 点后继
续，如何？下午我们先讨论如何设定未来养老目标。"

"太好了，我先回家睡个午觉，我们下午 2 点见！"子安先告辞。

"我们几个也各自回房间休息一下吧！"智富对着申泰和雅琪说。

"我睡不着，我要联系房产中介找个租金便宜的房子。今天是元旦，
我今天就告诉房东，打算月底搬家。"雅琪说。

"我睡不着，我要联系房产中介找个租金便宜的房子，同时要将我自
己的房子出租掉！"申泰说。

"申博士，您怎么跟我学啊？"

成就未来的你——养老目标的确定

下午 2 点，子安准时敲门。这时智富也午休好了。雅琪和申泰则利
用午休时间各自联系租房的事情。

"智富，我刚刚向太太汇报了您的建议，她完全同意我们将宝马车卖
了。这样一来，我们的财务负担就轻太多了。我也联了一位做二手车
售卖的朋友，后天我就将车送到他那里。"子安一进门就高兴地分享这则
消息。

"好棒的行动力！我相信你们做出了正确的决定。"智富又对子安竖
起了大拇指。

"老叔，我也有件事向您汇报，我不要通过中介看房了，我已经决定

和我的一个本科同学合租一套房子了。她中午正好在同学群里找一个室友，从她的房子到我的公司走路 15 分钟就到。我会租一个小房间，每个月租金 5000 元，要比我现在一个人单住便宜 4000 元。水、电、气、宽带这些我付一半。我下个月 1 号就搬进去。"

"你这么快就找到室友啦？她是你同学，相信你很了解她。从财务角度我只问三句，她是否节俭？是否有存钱的习惯？是否是个给予者？因为人是否节俭、是否有存钱的习惯，是否经常给予，这些是能相互影响的。"

"哈哈，老叔，您放心。她比我节俭多了，毕业后一直和别人合租，也不像我这样经常买衣服。她对人也很好，很乐于助人。"

"那就太好了！你们行动力都很强！大家坐，坐。我刚刚沏了壶好茶！"

人生目标是统帅

"大家还记得我们昨晚聊的通向有钱养老的六大法宝是什么吗？"智富边倒茶边问道。

"我记得，"申泰首先回答道，"是节流、远离负债、开源、长期投资、守住财富和给予。"

"老叔说的是'节俭＋存钱'，不是'节流'。"雅琪插话道。

智富笑了笑说："这些是我们想要达到有钱养老所要坚持的基本原则。但我们没有谈究竟什么才是'有钱养老'。我心目中的'有钱养老'的标准可能和你的标准完全不一样。

"我们上午也讨论了家庭的净资产表和收支表。我们只有明确了要达到什么样的养老目标，按照此目标，对照我们现在所拥有的（资产－负债）和每天每月每年能够获得的净收入（收入－支出），我们才能做好短期和中长期的养老规划，也才能做好每期的财务预算。

"但在谈养老目标前，我想先聊聊人生目标。因为只有和人生目标相一致的养老目标才有意义。我们赚钱的根本目的，并不是想打开银行账户时看到很大的一个数字。我们真正追求的是我们想拥有的生活方式——工作中有成就感，生活中受人尊重，自己和家人身心健康，孩子成才，有机会和时间做自己想做的事情，和自己喜欢的人在一起，有底气对诸多人和事说'不'，有能力周游全国和世界，了解各地的风土人情，品尝各种美味……这些才是我们真正追求和憧憬的。

"因此，**我们在设立家庭养老目标前，须静下心来问问自己：我的人生目标是什么?**

"如果你的人生目标是自己和家人身心健康和孩子成才，但对住多大的房子、是租房还是购房并不在意，那你的养老目标可能就会更多地注重孩子教育。在日常生活中，可能会将更多的预算放在健康饮食、健身、旅游这些方面。

"如果你的人生目标是 50 岁后在家全职写小说，每年全家人可以出国旅游 1 次，国内旅游 2～3 次，针对这样的人生目标，你在 50 岁前积累的财富应该可以支持子女的教育、每年多次旅游的费用、全家人正常的生活费用、未来自己和爱人的优雅养老，也许还应该让你拥有一套有单独书房的没有房贷的房子。"

身后归零

"我最近看了一本很有意思的书，《最优解人生：如何花钱，才能无憾》，英文主书名很有意思，叫 Die with Zero，书名直译过来叫'死时归零'。"智富接着说。

"作者的观点很鲜明：我们的人生目标不应该是最大化一生的物质财富，而应该是最大限度地提升积极的生活体验。我们活着的时候就应该把钱花在自己、所爱的人或想帮助的人身上，最佳的状态就是我们离世时，身后不留下任何东西。

"我们这两天讨论的是如何为养老做好准备。我们很多人，包括在座的各位，往往忽视了为养老尽早做好财富方面的准备。但我在工作中也碰到一些人，他们走了另外一个极端——不断地赚钱、不断地投资，不愿意在任何有价值的体验上花钱，想方设法积累财富，认为这样才是对自己负责。其实不然！

"我们将钱投资到股市中是种投资。但将钱花在生活体验上，其实也是一种投资。在体验上的投资所获得的是回忆，回忆也是有红利的——我们常常想起经历过的美好的事，每次回忆其实就是一次'分红'。

"好的体验并不一定要花很多钱，甚至可以是免费的。比如，和家人在湖边散步，和朋友聊天。但不少有价值的体验是需要花钱的。难忘的度假、和多年未见的老友的聚餐、体育比赛门票、对新爱好的追求——所有这些都需要花钱，很可能还要花很多钱。在这些体验上花钱在很多情况下是值得的。

"在体验上花钱和我之前强调的'节俭 + 存钱'并不矛盾。'节俭'针对的是物质享受，如名牌的衣物、豪车等。许多心理学研究表明，人把钱花在体验上要比把钱花在物质上更觉得快乐。在物质上的花费一开始会让人兴奋，但兴奋劲很快就会过去；而在美好体验或经历上的投资往往会随着时间的推移而增值，它们会在我们的余生中不断地向我们支付'回忆红利'。

"大家还记得'审慎储蓄练习'吗？其中的第五步是'决定哪一项对你更重要：你从清单上的经常性支出中获得的快乐，还是今后绝对财富自由的感觉。记住，生活是一种平衡。你不必把清单上的所有东西都删掉。'在我给出的例子中，那位单身白领特别喜欢每周一次的看电影，对于他来说，这是一种很美好的体验，是很值得的开销，这样的花费就完全应该保留。"

"你说得太好了，老同学，"申泰说道，"去年一位朋友问我这几年最开心的时刻或事情是什么。我好好想了一下：不是涨工资，不是发表文章，不是出版新书，而是和儿子一起到纽约巨人队的主场观看传奇四分卫伊拉·曼宁职业生涯的最后一场主场比赛。虽然美国职业橄榄球比赛的门票很贵，但我认为这是我最值得的花费之一。这 3 个多小时的比赛不单单成了我一生中美好的回忆，而且也成了儿子一生中美好的回忆。我相信，我和儿子今后会经常想起这段经历——我们会不断地获得回忆红利。"

富有是什么

"感谢你的分享，我可以想象你和儿子当时看球时兴奋的心情，好棒！"智富接着说，"另外，**一个人是否富有更多地取决于自己的感受。而这种感受又取决于现在所拥有的和所想要的之间的差距。**"

"您说得好有哲理啊，老叔。"

"哲理谈不上。假设双胞胎兄弟王大和王二各有一套两居室，没有任何债务，也各有一个小孩。王大的收入高些，每年挣 40 万元，银行账户里有 100 万元存款。王二的年收入只有 20 万元，银行存款也只有哥哥的一半 50 万元。但王大希望年收入有 100 万元，未来有套四居室，银行账户里有 500 万元；王二则觉得一年赚 20 万元足够用，一家三口住两居室挺好，银行里有 50 万元已经很不错了。你们觉得哪位会觉得自己更富有？"

"肯定是王二啊！"三人异口同声地说。

"对的，肯定是王二！再有，富有应包括物质富有和非物质富有，即有形资产富有和无形资产富有。无形资产包括健康、精神、知识、气质、见地、人脉等。如果某人对物质看得很淡薄，但很注重对知识的汲取，那么此人即使住茅草屋，但只要有书读就会觉得自己很富有。"

"你说得好有哲理啊，老同学。"

退休时财务安全、独立与自由各需要多少钱？

智富哈哈大笑："申泰，别逗了！我等会儿请各位写下自己的养老目标。但在这之前，我先介绍几个概念，也许能够帮助你更好地设定目标。

安东尼·罗宾斯在《钱：7步创造终身收入》一书中提到了几个有关财务梦想的概念：'财务安全''财务活力''财务独立''财务自由'和'绝对财务自由'。这5个梦想是不断升级的——从最低层次的梦想'财务安全'到终极梦想'绝对财务自由'。

我认为罗宾斯的这几个概念还是很有用处的，但一些具体内容未必适合中国。我想借用他的一些概念和大家讨论一下：如果我们想在退休时实现财务安全、财务独立和财务自由这三个梦想，分别需要累积多少财富。为了突出养老，我称这三个梦想分别为：养老安全、养老独立和养老自由。"

养老安全

"假设从今天开始，你这辈子不再工作了，但下面的几项开支都有人帮你出了，你是不是觉得这辈子生活很有保障？

1. 房贷或房租；

2. 水、电、气、网络、电话费用；

3. 正常的一日三餐花费；

4. 基本交通花费；

5. 医疗费（自付部分）。"

"这些都是在现代社会有尊严地活着的基本支出。如果这些支出都有着落了，我当然会觉得生活很有保障。"子安回答道。

"确实是这样，子安。假设一对夫妻现年都是35岁，我们来估算一下30年后，他们65岁退休时需要多少钱才能有基本的养老安全。"

"智富，我和我太太今年正好都是35岁。代入感好强啊！"子安打趣道。

"智富，房贷或房租怎么算？现在很多退休的人都没有房贷，而且各地房租的价格相差很大。"申泰问道。

"很好的问题，申泰。现在退休的中国人大多是没有房贷的。但是到我们退休的时候，很可能不少人还是有房贷的。"智富回答道。

"确实，过两年，我们还想要老二。到时候，我们会换一个大房子。我估计到了65岁的时候，我家还是会有房贷的。"子安接话道。

"其实，最简单的理解方式就是假设我们选择立刻退休，每月还有房贷或房租，我们要想达到养老安全，每个月需要多少资金？如果复杂一点，我们可以这么假设：到退休时，我们将自己的房子赠予子女，或将自己的房子卖掉支持子女购买更大的房子，自己另外在附近租一间80平方米的两居室。再复杂一点，我们可以用经济学中的'机会成本'的概念来理解这个问题：如果我们不住在自己的房子里，而是将房子出租，我们会得到多少租金？这个租金就是我们住在自己房子里的'机会成本'。也就是说，即使我们没有房贷了，住在自有房里，从经济学角度来看，还是有成本的。

"至于各地租金差异，我们完全可以根据自己退休后打算生活的城市来假设一个合理的租金。"

"我也有一个问题：这个医疗费怎么估算？每个人身体状况很不一样，有些人到80岁也不用去医院看病，而有些人三天两头就要往医院跑。而且，刚退休的人，通常身体还很不错。但随着年纪越来越大，医疗费用会不断上升。另外，公务员退休、事业单位退休和一般企业退休的人看病的自付比例可能都不一样。这些怎么估算啊？"子安疑惑地问道。

智富不断地点头："子安，你说得很对，这些问题都很好。做规划是因人而异、因家庭而异的。即使因人、因家庭而异做了规划，我们也不可能很准确地预测我们退休后20~40年会发生的事情。但一个合理、周到的规划至少可以帮助我们现在提前做好准备。

"为了演示方便，我们就假设两夫妻还能生存30年，这30年中平均每个月自付的医药费为1500元。如果假设这两夫妻生活在上海这样的一

线城市，两居室的房租 / 房贷可以假设为 7500 元 / 月[1]；如果生活在二线
(三线) 城市，房租 / 房贷可以假设为 2500(2000) 元 / 月。"

一线城市的子安 65 岁（30 年后）退休，在 65～95 岁期间养老所需费用 （单位：元）

支出	金额
每月房贷或房租	7500
每月水电煤气、宽带、电话费用	600
每月正常的一日三餐费用	2100
每月基本交通费	200
每月自付的医药费	1500
每月基本开支总计（2024 年价格）：	11900
每年基本开支总计（2024 年价格）：	142800
退休生活 30 年基本开支总计（2024 年价格）：	4284000
每月基本开支合计（30 年后退休时的费用，通货膨胀率为 3%/ 年）：	28884
每年基本开支合计（30 年后退休时的费用，通货膨胀率为 3%/ 年）：	346613
退休生活 30 年基本开支合计（30 年后退休时的费用，通货膨胀率为 3%/ 年）：	10398392

"上面表格的数字都是估算啊！其实具体数字不重要，只要基本符合
自身情况就好。基本上，一对 65 岁的退休夫妇如果在上海住一套两居
室，要想达到养老安全每个月所需基本费用在 11900 元左右，每年的费
用在 14.3 万元左右。有几点需要说明的：

"第一，别忘了，我们退休时都有基本养老金。在上海，目前平均每
人退休后的基本养老金在 4900 元左右[2]。夫妻两人的基本养老金加起来在
9800 元左右。按照上面的估算，基本养老金可以覆盖达到养老安全所需
的 82% 左右的资金。

"第二，我这里假设夫妻同年，同在 65 岁退休，又同在 95 岁过世。

---

1 根据城市房网数据，在 2022 年 12 月，上海市的平均租金为 107.39 元 / 月每平方米。80 平
方米的两居室的租金约为 8590 元 / 月。但考虑到退休居民可选择稍远地区居住，我们估算
的又是基本保障，可以假设租金为 7500 元 / 月。

2 数据来源于社保有声网站文章《2023 年上海平均养老金为 4900 元，有多少人低于平均水平？》。

实际中，女性要比男性早退休，且中国女性的平均寿命目前要比男性长6岁左右。这些可以在估算中进一步细化。而且，我们已经进入长寿时代，未来像雅琪这代人存活到100岁是很有可能的。如果想保守一点，我们可以假设两人退休后可以再生活35~45年。当然，他们也很可能会晚于65岁退休。

"第三，我们是按照当前的价格和各种开支来估算的。我们并不清楚未来几十年的通货膨胀率会是多少。如果假设今后每年的物价平均上涨3%，对于一位现年35岁的人，如子安，30年后退休时每个月需要2.89万元 [计算方法是 $1.19 \times (1.03^{30})$] 才能获得基本的养老安全。

"第四，我们也都不清楚各地发放的基本养老金的增长率会是多少。**但因老龄化进程加速和经济增长放缓，基本养老金的增长在未来或许会放缓**。因此，为保守起见，在实际做养老规划的时候，我们可以假设基本养老金只能提供养老安全所需资金的40%～60%。"

"做个规划这么复杂啊？老叔！"雅琪摇了摇头长叹道。

"确实不那么容易，但也不是特复杂。现在都有现成的软件或应用，你可以提供各种假设数字，然后就能立刻得到要达到养老安全现在需要多少资金，进一步知道达到养老安全的资金缺口。知道这个缺口后，我们才能拟定合理的预算、储蓄、投资、保险等计划。当然，做这些计划的前提是，获得养老安全，你们就满足了。"

养老独立

"明白了，目前看来，我国的'养老第一支柱'能够满足多半的'养老安全'所需。我们当然不会仅仅满足'养老安全'啦。那么什么是'养老独立'呢？"雅琪问道。

"哈哈，我正要谈到'养老独立'，我的好侄女！其实养老独立的概念很简单：**假设从今天开始，你这辈子不再工作了，但还能维持现在的生活水平，你需要多少钱？**还记得之前我提到的'养老金替代率'的概念吗？"

"我记得！"雅琪调皮地举手道，"养老金替代率指的是我们退休时领取的养老金相对退休前工资收入水平之比。您说过55%是养老金替代率的警戒线，合理水平为60%左右，而优雅养老则为70%以上。"

"很棒！对于收入相对稳定的人来说，可能从现在到退休不考虑通货膨胀因素的话，税后收入不会有太大变化。这类人的'养老独立'意味着养老金替代率100%。也就是说，如果我选择明天就不再工作，我的生活品质没有下降，生活方式也不会因此而改变。

"因此，如果你要维持现在的生活水平需要20万元一年，那这个数字就是20万元。假设退休你后还能生活30年，那按照现在的价格，你需要600万元人民币才能做到养老独立。

"需要注意的一点就是：**这个数字和你现在的收入不是一个概念。如果你的年收入是30万元，但只需要20万元生活得就不错了，那一年20万元就是养老独立所需要的资金。但如果你需要花50万元才能过得舒服，那一年50万元就是达到养老独立所需要的资金。**"

养老独立之300法则、4%法则和360法则

"由于我们并不知道我们退休后究竟还能活多久，财务专家们提出了一些便于理解和操作的法则。其中一个较常用的法则叫'300法则'——退休前要存够每月支出的300倍，或每年支出的25倍。和300法则相关的另一个法则叫'4%法则'，它是由美国财务顾问威廉·班根（William Bengen）在1994年基于美国证券市场历史表现模拟后提出的建议。班根发现，我们在退休的第一年可以花费退休基金的4%，之后的每一年的开支在前一年的基础上根据通货膨胀率进行调整。按照这个简单的4%法则，班根发现大多数人的退休基金至少可以维持退休后30年的开支，在很多情况下，退休基金里的资金能够保持50年不变甚至还会多出来。"

"这怎么可能呢？"雅琪疑惑地问道。

"哈哈，怎么不可能？你们还记得我讲过的'王大和王二的故事：退休后的投资'吗？这是因为即使退休了，我们还是会用退休基金里的钱继续投资的。如果运气好，像王大那样 500 万元投资了'北国股市'，在退休后的前 18 年是个超级大牛市，那他在 100 岁时，退休基金里的钱不但没有花完，而且还增长到了 950 万元。

"但关键词是'运气好'。如果运气不好，像王二一样，退休时 500 万元投资了'南国股市'，退休后的前 18 年是个漫长的熊市，那他真是'人活着，钱没了'。

"在现实中，我们确实会碰到这样的情况。中国的股市历史比较短，我用美国股市来举例。如果某人在 1929 年 10 月美国股市崩盘、经济大萧条前夕退休，且他的退休基金大部分投在美国股市上，那他的退休生活可能会很困难。反之，如果某人在 2009 年 3 月退休——这个时间是美国历史上最长牛市的开始，那他的退休生活可能会很滋润。

"我建议退休阶段的投资要保守，不要赌自己的运气。因此，我们做养老规划的时候也要相对保守。例如，考虑到我们的预期寿命会增长，我现在会建议使用'360 法则'——退休前要存够每月支出的 360 倍，或每年支出的 30 倍。这样即使退休基金只投资安全、低息的银行存款，我们也至少能保持养老独立 30 年。"

养老自由

"最后，我们来谈谈养老自由。**养老自由意味着你已经养老独立了，你不但拥有现在所拥有的一切，而且也拥有了你未来想要的两到三种重要的奢侈品。**要做到这一点，我们需要扪心自问：**我究竟需要多少年收入才能拥有我想要和应得的生活方式？我想要这些钱做什么？**是为了得到全球各地旅行的自由，为了一套更大的房子，还是拥有儿时就梦想拥有的一辆跑车？

"老同学，你梦想中的养老自由是什么？"

"我？我想要的几件比较'奢侈'的东西包括：能够经常到全球各地旅游；能够在南方海边买一套房子，每年在那里住上小半年；能够以我前研究生导师的名义设立一项奖学金。你觉得这些梦想过分吗？"

"一点都不过分，老同学。这些都是很合理的梦想。有梦想才能有更大的动力去创造财富、管理好财富！那你能告诉我：要达到养老独立，你需要多少钱？知道这个数字后，我才能帮你估算达到养老自由需要多少钱。"

"如果算上房贷，我们一家四口现在大概一个月需要花费 5 万元。"

"很好，为了计算方便，就按 5 万元一个月来估算。因为到你退休的时候，你虽然不再需要支付子女的教育费用，但可能会协助子女买房、操办婚嫁。我们假设你和太太都是 65 岁退休，我将你退休生活 30 年需要的花费列在了这张表中。"

一线城市的申泰 20 年后 65 岁退休，在 65～95 岁
期间达到 30 年养老自由所需费用　　　（单位：元）

支出	金额
梦想一的每月花费（全球旅游）	12000
梦想二的每月花费（拥有南方海边的度假屋）	20000
梦想三的每月花费（捐赠，以导师名义设立奖学金）	10000
养老独立每月所需费用	50000
达到养老自由每月所需合计（当前价格）	92000
达到养老自由每年所需合计（当前价格）	1104000
退休生活 30 年中达到养老自由所需合计（当前价格）	33120000
达到养老自由每月所需合计 （20 年后退休时的费用，通货膨胀为 3%/ 年）	166162
达到养老自由每年所需合计 （20 年后退休时的费用，通货膨胀为 3%/ 年）	1993947
退休生活 30 年中达到养老自由所需合计 （20 年后退休时的费用，通货膨胀为 3%/ 年）	59818404

"哇！按照现在的价格估算，我要拥有 3312 万元左右才能算养老自由。看来我还需要加倍努力！"

"是啊。但我想强调的是，每个人的情况和梦想都很不一样。我前几个礼拜帮李杰也做了个估算。他是我们俩的高中同学，你一定记得他。他大学毕业后就一直在家乡工作。他的梦想就是一年有两次在国内旅游，偶尔能去国外旅游；能在农村租个房子，种种菜，和朋友喝喝茶。如果还有其他梦想，就是能资助几个贫困地区的孩子读书。另外他达到养老独立所需资金也较少：1 万元 / 月。申泰，你也清楚，在你我的家乡，一个三线城市，各种开销，特别是房价都要比上海低很多。李杰实现养老自由每个月只需要 1.65 万元。"

"智富，也许当我们老了，都应该回家乡养老。"

"哈哈，老同学，别忘了。我们是否富有，是否认为自己有养老自由，更多地取决于自己的感受。"

"对，智富，你说得没错。"

"我想大家应该都清楚了养老安全、养老独立和养老自由的含义。**现在请各位写下一个具体的数——你的养老目标**。如果你觉得能达到'养老独立'就很满足了，那这个数就是你实现养老独立每年所需的费用。如果你希望达到'养老自由'，那你还必须加上实现 2～3 个梦想的花费：无论是大的房子、更多的旅游机会、更好的车，还是捐赠，都可以。

"请记住这个数字。后面我们需要这个数字倒推现在如何储蓄和投资。我们现在休息一下吧！"

"好咧！"三人齐声说道。

实现养老目标前要攻克的财富堡垒

智富继续说："刚刚我们讨论的如何设立养老目标是一个长期规划。我们在座的要几十年后才会退休。从当下到退休这几十年里，我们必须攻克几个重要的财富堡垒——重要的中长期财务目标。我们越是年轻，需要攻克的堡垒就越多。

"20～35 岁的人考虑的几个重大财富堡垒包括：结婚、买车、买第一套房……

"35～50岁的人如果已经结婚了并买了第一套房，考虑的可能就是子女教育、房子升级、汽车升级或买第二辆车、赡养父母等问题。

"50～65岁的人考虑的更多的是房贷、赡养父母、子女婚嫁和帮子女买房等问题。

"面对这些财富堡垒，我们越早做准备，就越能从容地攻克它们。反之，如果我们未能提前做好充分的准备，很可能无法攻克这些堡垒，或者是需要挪用养老基金来攻下这些堡垒。这两种情况都是我们不希望看到的，尤其是动用养老基金。

"例如，如果雅琪在35岁的时候买了首套房，在45岁的时候打算升级，买个更大的房。但为了房子升级，雅琪需在35～45岁期间存100万元的购房资金。可是，她只存了50万元。怎么办？假设雅琪一定要换个大房，并决定从积累了20年的养老基金中'借用'50万元。这么做的代价将会非常大。退休时的雅琪将会非常痛恨45岁的雅琪做出这样的财务决定。雅琪，你说为什么？"

"嗯，老叔，我猜猜看啊！我记得您昨天说过'复利投资的一个特点是，越往后，财富积累得越快'。是不是过早地将资金取出来，会打乱用复利帮我们赚钱的进程？"

"对啦！查理·芒格曾说过：**'复利的第一条规则是永远不要不必要地打断它'**。除非万不得已，否则我们为养老准备的投资不要中断。我们先来聊聊子安和申泰关心的子女教育。"

子女教育

"我们对孩子的教育都是'不惜一切代价'的。总是想尽自己所能为孩子提供最好的教育。从孩子还在母亲肚子里，我们就有'胎教'；孩子出生了，我们有'幼儿早教班'；稍大一些，我们要面临择校问题。对于不少家庭，孩子上什么学校，决定了一家在哪里买房或租房。除了正常的学习，还有各种各样的兴趣班、学习班、社会活动等。这些都会花费家长大量的时间、精力和金钱。"

子女教育投资的三原则

"我无法评判或推荐家长应在子女教育上花费多少，因为每个家庭的经济实力不一样，价值观也不一样。但我想讲几个原则，你们自己看是否有道理。

"第一，**不要因为子女教育花费过多以至于忽视为自己的养老做准备**。我们中国人有个传统观念：养儿防老。但这个观念在未来将很难行得通。首先，未来多数家庭的子女只有一到两个。如果只有一个子女，且子女的爱人也是独生子女，那他们要赡养的老人就有四个。设想一下，如果这四位老人都没有为自己的养老做好充分的准备，只是依赖基本养老金和自己的孩子，那孩子身上的负担该有多重？他们能全身心地发展自己的事业吗？如果孩子不孝顺或者因各种原因无法照顾父母，父母该怎么想？会不会觉得自己的养育白费啦？

"因此，我的建议是：**一定要在保证自己养老有充分准备的前提下，再考虑子女超出正常范围的教育或课外活动方面的投资**。在家培养孩子爱做家务、有纪律性、积极乐观、遇到挫折不轻易放弃的品格，可能要比1小时花几十元、几百元参加什么活动班更有意义。

"第二，**为重要的、可预见的未来教育开支做好充分准备**。针对子女教育，上大学和研究生就是这样的开支。本科四到五年、硕士两到三年，每年的学费、生活费、书本费、手机及套餐费、节假日回家的交通费这些花费，作为家长，我们应尽早做好准备。如果孩子高中毕业或大学毕业要出国读书，预期的费用会高出很多。

"第三，**教育基金要比婚嫁基金或帮助孩子购房更重要**。如果我们已经尽全力投资子女教育了，我们就没有义务为子女准备婚嫁基金或房子了。当然，如果我们有能力，也愿意，我不反对在孩子结婚和购房的时候，提供财务方面的支持。投资子女教育，是为了提高孩子的'无形资本'，这是可以不断以'复利'积累、让孩子受益终身的。而为婚嫁或购房提供财务支持则不同，这是帮助孩子消费自己无能力消费的，对孩子今后的成长未必是好事。**如果家长实在想在财务上支持孩子的婚嫁或购房，也不要早早就告诉孩子**：不要在他们刚毕业工作的时候就告诉他们，不要在他们读书期间就告诉他们，更不要在他们很小的时候就告诉他们——这会降低他们努力工作的动力。**我甚至建议，有能力的家长可以较为明确地告诉孩子今后不会为他们的婚嫁或购房出钱或出大钱。**当孩子真到了婚嫁或购房的那一天，我们可以给他们一个惊喜。

"我啰里啰唆地说了这么多。大家都累了吧！来，吃点水果。趁你们吃着，我讲一个例子。"

"我们听得都很入神，老同学，反正我一点都不累。就是看到你这么大的一个水果盘，眼馋了！"

子女教育基金规划

"子安，如果你不介意，我想以你家的情况为例，来谈谈如何为教育基金做准备，可以吗？"智富问道。

"怎么会介意呢？您这是免费帮我做规划啊，我感谢还来不及呢！"

"太好了。你们还有三个月会有第一个孩子。你昨天说你们打算要第二个孩子，对吧？"

"对的！"

"那打算什么时候要二胎呢？"

"如果我的新工作今年发展不错，我们打算在两年后要二胎。我们想两个孩子之间的年龄差小点。"

"好的，我清楚了。正常情况下，孩子 18 岁上大学，22 岁大学毕业。虽然我们不知道孩子今后是否会读研究生，但现在多数大学生是希望读研究生的。即使孩子不读研究生，我们为孩子准备的教育基金也可以用于孩子其他的教育需求，如职业培训，或转换职业期间的应急基金。"

"由于中国大学的学费和住宿费都是政府严格控制的，在过去很多年，大学费用没有涨过。除了艺术类或中外合作办学专业，绝大多数大学专业的学费在 5000 元／学年左右，住宿费也很低。我们假设两者总费用为 6000 元／学年。

"在中国，上大学所需费用的大头是生活费，这个项目上不同人之间相差很大，而且大学所在城市也会影响到生活费水平。假设每个月生活费为 2000 元，且孩子在 3 个月的寒暑假期间要么回家和父母居住，要么自己打工养活自己。因此，每年家长只需要准备 9 个月的生活费。这样，按照当前价格计算，每年上大学的基本费用大约是 2.4 万元。大学四年加上研究生三年，总的教育费用为 16.8 万元。

"但是这个数字是按照当前价格估算的。子安家老大要 18 年后才上大学，18 年后的学费和生活费肯定要比现在的高不少。为了做出预测，我假设未来 18 年生活费平均每年涨 3%，学费和住宿费平均每年涨 6%。"

"老叔，为何您假设学费涨幅要高于生活费？"

"好问题，雅琪。由于在过去 20 多年，我国公立高校的学费基本没有涨过，但我们的人均收入翻了好几番，我预测未来几年高校学费会显著提高。但这只是我个人的预测，我很有可能会错，但更多地准备资金总比到时候资金不足好，对吧？"

"您说得很对，智富。我宁可为孩子多准备些教育基金。"子安点头说道。

"谢谢，我继续啊。18 年后，子安家老大上大学。在学费每年涨 6%，生活费每年涨 3%，以及老大会读研究生的假设下，我们得到 18 年后，子安为老大准备的教育基金里要有大约 33.4 万元。

"同样地，20 年后，子安为老二准备的教育基金里要有约 36.2 万元。

"大家想不想知道，为了 18 年后，老大的教育基金里有 33.4 万元，子安和太太每个月要投资多少资金？"

"我太想知道了！"子安迫不及待地说。

"这个就牵涉投资以及我们预期的投资收益了。后面有时间我会详细讨论。一般来说，你们可以请财务规划师帮你们计算，或在网上找一些应用。我这里假设：子安和太太每个月定投，即每个月投资的金额是一样的；未来 18 年的年化投资收益率为 6%，即每个月的收益为 0.5%；投资期限为 216 个月（=18 年 × 12 个月 / 年）。我用 Excel 中的 PMT 公式来计算每期定投的金额。[1]

"结果是 863.27 元！也就是每个月定投 863.27 元，投资 18 年，如果投资收益率每年有 6%，18 年后，子安老大教育基金里就会有 33.4 万元。"

"每月只要 800 多元？我想象中，教育基金所需要的投资会很大。"

"子安，这是因为我们假设你在孩子一出生时就开始投资，坚持投资了 18 年。如果你在孩子 6 岁才开始投资，投资 12 年，那每个月就需要投资 1591 元了。这就是为什么我一再强调要坚持'长期投资'。

"我们可以根据预期收益率和投资期间的不同而假设不同的情景：年化收益率为 4% ～ 10% 不等；开始投资时间从一出生就开始到孩子 12 岁上初中才开始。在不同情景下，我们得到每个月所需的投资金额也不同。"

为达到 18 年后教育基金账户里有 33.4 万元，每个月定投的资金额计算表

（单位：元）

	出生后就投资	6 岁开始投资	9 岁开始投资	12 岁开始投资
年化投资收益率 =4%	1059.56	1813.04	2577.35	4116.94
年化投资收益率 =6%	863.27	1591.19	2342.64	3869.84
年化投资收益率 =8%	696.52	1390.34	2124.05	3633.66
年化投资收益率 =10%	556.79	1209.63	1921.18	3408.26

1 Excel 里的公式是 PMT。具体地说，可使用以下公式：=PMT(每期收益率，投资期限，未来需要的总资金)。如果用年化收益率，那投资期限就是年数（每年投一次）；如果用每个月的投资收益率（＝年化收益率 ÷12），那么投资期限就是月数（＝投资年数 ×12）。

人身与生活保障

"申泰，昨天得知你之前的两个工作单位都提供人寿保险，但你自己从来没有购买过商业保险的情况后，我就明确告诉你我还是蛮担忧的，因为你上有身体欠佳的父母，下有两个学龄孩子，还背负着 20 多年的房贷。"智富说道。

"是的，智富。我也很担忧、后悔。"

"其实不单单是你，很多人都没有购买过商业保险，只有因工作而享有的最基本的'五险'——养老保险、医疗保险、工伤保险、生育保险和失业保险。

"人们往往认为自己掏钱买保险是浪费钱。我们花几百元购买家庭财产保险，但绝大多数家庭很少会发生盗窃、火灾或水管爆裂。我们每年花几百上千元购买 10 年期或 20 年期的定期寿险，很可能缴纳了 10 年、20 年的保费后人还健在，但保费交了就再也拿不回来了。在很多人的观念里，这不是浪费钱吗？

"首先，我们要明白，虽然有投资型保险产品，但多数时候，我们买保险不应该是因为该保险有投资收益，或者投资收益很高。**我们买保险是为了当我们的人身或财产遭受意外时，我们的家庭可以得到一定的金钱补偿，家人的生活品质不至于因这些不利事件急剧下降。**可以说在很多情况下，我们花钱买的是晚上睡个安稳觉。以定期寿险为例，**我们购买定期寿险的意义不是保障自己，而是保障家人。**

"其次，普遍来说，我们人类有一种认知偏见叫'乐观主义偏见'，这导致人们相信自己不太可能经历负面事件。比如，我们相信自己出车祸的可能性要比其他人低，相信自己要比其他人更有可能在事业上获得成功。我们既然这么想，那为何要花时间来担心可能会发生的最糟糕的事情呢？为何要花金钱购买保险来抵御不太可能发生的灾难呢？

"再次，不少人注重眼前的实惠，但对未来更大的好处视而不见。我有个朋友是一家大型汽车集团的营销主管,他们几年前做了一次促销活动:客户可以选择车价降低 888 元,或延长一年的保修期。绝大多数的客户选择了前者。我这个朋友很不解,因为在他看来延长一年保修期的实际价值要远高于 888 元。其实这也是心理学中的一个现象,叫'即时倾向或现实偏好',人们倾向于选择即时奖励,而放弃未来更多的奖励。换句话说,**多数人在做决策时更愿意选择眼前利益,而不选择长期更大的利益。不掏钱买保险,眼前利益是实实在在的——省了一笔保费;未来的保障即使有,当下也感受不强。**

"最后,人们不买保险还因为保险虽然容易购买,但保险条款往往晦涩难懂,很难做到'货比三家'。对于初次接触保险的人来说,需要有专业人士在充分了解个人及其家庭的真实情况和需求的前提下,耐心地分析、讲解并提供指导和建议。但一些保险销售人员的业务能力欠佳,导致服务水平不高,或在利益的驱使下夸大保险责任、保险的收益预期,而对理赔需满足的条件则一句带过或干脆只字不提。有些人在申请理赔的时候遭拒,才发现保险合同条款上规定的和当初购买时销售人员所承诺的不一样。此类事情一再发生,导致很多人对保险产品失去兴趣,对保险公司缺乏信任。"

"您说得太对了,智富。"子安点头说道,"我一个小阿姨 10 年前在公司内退了,为了多赚些钱,加入了一家保险公司当销售人员。经过几次销售培训后,她就不断地向所有亲戚朋友推销各种保险产品。我们家碍于亲戚的情面,也买了一份所谓的高额红利回报的一年期保险产品,当时的预期红利宣称有 8% 左右。一年后我们去取钱,被告知因为市场原因,投资没有赚钱,所以没有红利。保险公司人员接着拿出合同条款说了一通,鼓动我们再存一年。我们坚持要求退保,接着就是各种退保手续和身份认证。我妈去了保险公司几趟,最终才收回本金。那次购买保险的体验很差,导致我们现在碰到小阿姨心里都有一个小疙瘩。"

"谢谢你的分享,子安。类似的事情很多。不少保险销售人员都是半路出家的，经过几次培训后就上岗了。其实他们自己的保险知识也很缺乏，对保险产品不够了解。为了业务和生存，他们往往先从身边人做起——向亲戚朋友推销产品。"智富接着说，"但我们不能因噎废食，不能因为自己或他人购买保险的体验不好就不再考虑保险，导致家庭缺少应有的保障。我们先来谈谈人寿保险吧！我觉得大多数人最缺乏的就是人寿保险。"

人寿保险

"大家知道什么是人寿保险吗？"智富问道。

"我知道，老叔！我刚刚在手机上搜索了一下，我来念一下啊，"雅琪抢先说，"人寿保险是人身保险的一种，是以被保险人的寿命为保险标的，且以被保险人的生存或死亡为给付条件的人身保险。人寿保险包括定期人寿保险、终身人寿保险、生存人寿保险等几大类。"

"谢谢雅琪，定期人寿保险的被保险人在被保期间全残或者身故，保险公司将按照合同约定给付保险金。若保险期限满而被保险人健在，则保险合同自然终止，保险公司不再承担保险责任，也不需要退还保费。定期人寿保险的保险期限有 10 年、20 年、30 年或到 60 岁、65 岁、70 岁等约定年龄等多种选择。这类保险在保障内容一样的情况下，保费较低，可以用较少的保费获得较高的保障，给付的保险金将免纳所得税和遗产税。

"终身人寿保险是一种保障终身的保险，保险责任从保险合同生效后一直到被保险人身故为止。由于人总有一死，因而终身人寿保险的保险金最终必然要支付给受益人。由于终身人寿保险保险期限长，其费率要远高于定期人寿保险，但有一定的储蓄功能。在实践中，如果被保险人生存到 100 岁，保险人则向其支付保险金。

"生存人寿保险是以被保险人的生存为给付保险金条件的人寿保险。若被保险人在保险期限内身故，则不能拿到保险金，亦不能收回已交的保险费。生存保险有一定的储蓄性。在保险期限届满后，被保险人可以领取一笔保险金，这笔保险金可以满足投保人未来生活方面的一些需求，如子女教育、养老等。

"还有一种特殊的人寿保险叫生死两全险，它是定期人寿保险和生存人寿保险两类保险的结合。如果被保险人在保险期限内身故，受益人可领取身故保险金；若被保险人在保险期限届满仍然健在，则投保人按合同领取保险期满金。

"市场上保险品种繁多，每个类别下还有很多不同产品。我就不一一赘述了。"

"老同学，这么多不同的寿险，我们一般人怎么选择呢？"

"申泰，你问到重点了。大家注意啊！**对于大多数人来说，购买符合家庭需求的定期人寿保险就够了，这不但是最经济实惠的选择，而且可以达到我们拥有保险的根本目的——在意外发生时，为我们的家人提供一定程度的经济保障。**当我们和我们的家人年轻并很健康时，我们能以很低的保费锁定未来 20～30 年的保障。由于定期人寿保险没有储蓄功能，它的价格要比终身人寿保险低得多。这让我们在年轻的时候有更多的资金进行长期投资。如果我们年纪大了，定期人寿保险的保费会相应增加。但是，到那时，我们的子女也长大成人了，我们积累的财富也足够多了，我们就不那么需要保险提供的额外保障了。事实上，如果我们积累的财富足够多，养老账户、应急账户、教育基金和投资账户里的财富足够多，我们就根本不需要人寿保险了，我们完全可以利用自己的财富进行自保。"

"如果只考虑定期人寿保险，那像我这样的家庭究竟应该选择多高保额、多长期限的定期人寿保险呢？"子安急着问。

"很好的问题，子安。虽然每个家庭的情况都不相同，但我们在决定保额和期限的时候，还是有几个基本原则可以把握的。

"**首先，如果有孩子或打算要孩子，保险期限的长短一般取决于孩子**

何时独立。你还有几个月就会有第一个孩子，并打算两三年后生第二个孩子，假设你和太太打算支持孩子到大学毕业，甚至是研究生毕业，那你可能需要近 30 年的定期人寿保险。申泰的两个孩子稍微大些，可能就需要 15 年期的定期人寿保险。

"**第二，所需的保额和保险期限密切相关。如果保险期限是 20 年、30 年，我建议保额为被保险人年收入的 10 倍。如果保险期限是 10 年或 15 年，我建议保额为被保险人年收入的 6～8 倍。**

"明白了，智富，您这么一解释我就很清楚了。"子安点了点头说："假设我的税后收入为 15 万元，保险期限为 30 年，我的投保金额就应约为 150 万元。"

"我也清楚了，老同学。按照你这个简单的法则，我只需要购买 15 年，保额是我年收入 8 倍左右的定期人寿保险。太棒了！"

"是的，子安和申泰，市面上的保险产品很多。我建议你们多问几家保险公司，问之前先做足功课。很多信息可以通过网络和购买过同类产品的同事、亲朋好友获得。我接着往下说。

"**第三点，即使你是家庭的主要收入来源，也不要忘记为你的配偶购买定期人寿保险。**我们多数人的配偶也都有工作。即使他们不工作，是全职太太或全职爸爸，他们在家带孩子、整理家务、做饭做菜也是有价值的。想想如果你请人做这些事情需要花多少钱？因此，我们需要单独为配偶购买定期人寿保险。

"**最后，不要忘记很重要的一点：家庭情况变了，保险需求也应相应改变。**比如，雅琪现在是单身，但过两年后她结婚了，保险需求显然也改变了。再过几年，她要生小孩了，保险需求显然又变了。"

"老叔，您别拿我开玩笑啊！"雅琪不好意思地说。

健康保险

"好了，不开玩笑了！我们接下来聊聊健康保险。世事无常，很多时候，人在病毒和疾病之前是无助的。

"我们绝大多数人都享有基本医疗保险。1998 年，我国建立了"统账结合"的城镇企业职工基本医疗保险制度。基本医疗保险基金由社会统筹使用的统筹基金和个人专项使用的个人账户基金组成。个人缴费全部划入个人账户，单位缴费的 30% 左右划入个人账户，其余部分建立统筹基金。社会统筹部分体现的是社会共济和社会公平，个人账户部分追求的是个人缴费积极性和制度的可持续性。**个人账户专项用于本人医疗费用支出，可以结转使用和继承，个人账户的本金和利息归个人所有。**

"目前这个统账结合的医保制度正经历重大改革。主要内容有两个方面：一是实现个人账户'家庭小共济'，在家庭成员范围内拓宽个人账户资金使用用途；二是调整个人账户计发办法，实现'门诊大共济'。改革后，在职职工个人缴费部分仍然进入个人账户不变，但原来单位缴费中划入个人账户的部分纳入统筹基金，建立门诊统筹基金；退休人员仍不缴费，但统筹基金划入个人账户部分平均大约降至 2%，下降的部分进入并建立门诊统筹[1]。

"医保制度的改革不是一句话两句话能够说清楚的，可以肯定的是，随着我国进入深度老龄化社会，改革将会持续和深化。但不管怎么改革，基本医疗保险都只能提供基本的医疗保障。

"目前，基本医疗保险支付范围仅限于规定的基本医疗保险药品目录、诊疗项目和医疗服务设施标准内的医疗费用，且对提供基本医疗保险服务的医疗机构和药店实行定点管理。有不少的诊疗项目基本医疗保险是不予支付的，包括院外会诊费、各种特需医疗服务费、各种健康体检费、预防与保健性的诊疗项目产生的费用等。另外，还有不少诊疗项目，基本医疗保险仅支付部分费用，包括安装心脏起搏器、人工关节，血液透析等。"

---

1 数据出自郑秉文发表于《中国新闻周刊》的《医保个人账户改革底层逻辑与现实冲突》一文。

"老叔，您说得很对。前段时间有则新闻，看得我眼泪都掉了下来。我和大家分享一下啊！我国每年得脊椎性萎缩症（简称 SMA）的新生儿有 1200 人左右，存量患者约 3 万人，SMA 是一种高致死率和高致残率的罕见病。2019 年年初，全球首个治疗 SMA 的精准靶向药物诺西那生钠注射液进入中国。然而，这个'救命药'一针费用高达 69.97 万元，平均每年治疗费用在 110 万元左右。2021 年 11 月，国家医保局和药企谈判。经过八轮砍价，'天价救命药'价格降至 3.3 万元左右。诺西那生钠注射液于 2022 年 1 月 1 日正式被纳入医保。经过医保报销，多地患者注射诺西那生钠的费用下降到每针 1 万元左右。现在，个人自付费用降至四五万一年。"

"雅琪，你的分享真棒！充满了正能量。你们看，过去要让 SMA 孩子活命，家庭每年要出 110 万元。我估计对于绝大多数家庭来说，这都是个天文数字。不少家庭也许不得不选择放弃。现在好了，药价大幅下降，药品被纳入医保后，家庭只要一年出四五万元。但是，即使是四五万元，一些家庭也未必承担得起。

"虽然我国的基本医疗保险提供的保障越来越多，但是它还是以低水平、广覆盖、保基本、多层次、可持续、社会化服务为基本原则的。我们的不少医疗需求通过基本医疗保险还是无法充分满足的。**医疗需求无法充分满足有三层含义**。第一，不少药品、诊疗和医疗项目无法报销，包括一些救命的特效药，特别是进口药。第二，很多药品、诊疗和医疗项目只报销一部分，自费部分相对于部分患者的收入来说过高，最终导致一些患者放弃治疗。第三，一些就医环境好的医疗机构不接受基本医疗保险。"

"智富，您说的这第三点我太有感触了，"申泰感叹道，"我前几个礼拜因神经性颈椎病不断去医院。因为前单位有相当不错的商业医疗保险，我选择了一家私立医院。这家医院就医环境非常好，基本不用排队，即使要短暂等候，也能边等候边享用免费的茶或咖啡，有专门的护士会领你去见医生。包括门诊预约、线上问诊、检查报告、处方查询、账单、医疗证明等在内的服务或文件都可以通过微信小程序实现。就医体验是没话说。但私立医院的问题就是贵，不是一般的贵！每见一次医生，商业保险就要支付 950 元（原价 1000 元，折扣 50 元）。一次简单的理疗也收取 950 元。"

"谢谢分享，老同学。我们都有去公立医院就医的经历。你的商业医疗保险是单位提供的。对于一般人来说，要在基本医疗保险的基础上享有更好的医疗保障，如果单位不提供，自己可以购买。

"选择医疗保险的基本原则其实也很简单：为可能的大病医疗而产生的重大医疗费提供保险。那些平常的小病小痛产生的费用，就算完全自掏腰包治疗，也不会影响我们的生活品质。对那些花费较大的医疗费用，我们可以使用应急基金或其他的储蓄、投资基金。我们真正害怕的是，那些超过我们经济承受能力的，或自己承担会严重影响生活的重大医疗费用支出。因此，我们自己需要购买的是'**百万医疗险**'。这种保险的覆盖范围广，保费低。例如，有一款百万医疗险提供以下保障：120 种特定疾病医疗保险金额度——600 万元，一般医疗保险金额度（1 万元免赔额）——300 万元，临床急需进口药品费用额度——300 万元，特定医疗机构治疗费用和特定医疗器械费用保险金额度——300 万元……这样一份保险，如果是有社保的 35 岁男性购买，每个月的费用为 24.10 元；如果是 45 岁男性购买，每个月保费为 39.70 元；如果是 70 岁男性购买，每个月保费为 277.60 元[1]。对于这样的保费，大多数人还是负担得起的。这种保险的缺点是不能一次锁定长期保障，必须每年购买，每年购买的保费一般来说是上涨的。一般超过 70 周岁，个人就基本无法购买此类保险了。

"最近几年，一些省市推出了惠民的'惠保'。例如，上海有'沪惠

---

1 保费数据于 2023 年 1 月 23 日提取。

保'，一年的保费只有 129 元，就能享受最高 310 万元的医疗保障——覆盖了几十种国内和海外的特定药品费用、医保范围外住院医疗自费费用等。对于很多人来说，此类由政府指导的商业补充医疗保险是很不错的选择。"

"还有一种健康保险也值得考虑，那就是针对重大疾病的一年期的'重疾险'。保额 10 万元、30 万元、50 万元不等。重疾险是一次性赔付的，买多大保额赔多少；医疗险则报销合理医疗费，花多少赔多少。两者可以叠加赔付。重疾险也不算很贵。我最近看的一款重疾险，保额 30 万元，如果 35 岁的男性购买，每个月保费为 31.20 元；如果是 45 岁的男性购买，每个月保费则为 94.10 元。

"另外，市场上还有长期重疾险：可以保 10 年、20 年、30 年，或保至 60 周岁、70 周岁。

"无论是购买百万医疗险或'惠保'，还是购买重疾险，还是同时购买这几种保险，都体现了'保大不保小'的原则，即我们要保障的是重大医疗费用支出。"

财产保险

"最后，我们再来谈谈如何保护好我们的财产。人寿保险和医疗保险都是针对我们人的，而财产保险则是针对物的。对于多数人来说，房子是最重要的财产。很奇怪的事是，如果我们问问周围的人，我相信只有很少的人告诉你，他 / 她购买了家庭财产保险。

"不少人在快递贵重物品时，会不假思索地购买保险，但在对待家庭最重要的财产——房子——的时候，却完全不考虑购买保险。尤其像自然灾害较少的地区，很多人认为，只要自己在家里用火用气用电的时候小心点，家庭财产受损的风险应该很小。如果风险很小，买财产保险岂不是浪费钱吗？事实上，人们往往低估了风险事件发生的概率。你们还记得我刚刚提到的一种认知偏见吗？"

"是'乐观主义偏见'！"雅琪和申泰同声说道。

"对的，人们往往过于乐观地相信自己不太可能经历负面事件，而好事则更有可能发生在自己身上。但天灾人祸时有发生，一旦发生在自己身上，我们就会追悔莫及。常见的暴风、暴雨、冰雹、台风、严寒等自然灾害会导致房屋及室内附属设备受损；人为灾祸，如高层火灾、煤气爆炸、入室盗窃等都会给家庭带来财产甚至人身的重大损失。

"你们可能不相信，很多财产保险一年的保费比一两张电影票的价钱还低。"

"啊？这么便宜啊？！"

"是的，你们看我购买的财产损失险，"智富边说边打开手机的一个App，"这份保单每个月的保费为 9.67 元。保障范围包括：房屋主体损失保障（火灾爆炸）——270 万元，房屋装修损失保障——20 万元，室内财产保障——20 万元，盗抢损失——10 万元，第三者人身伤害——10 万元，水暖管爆裂损失——1 万元。"

"老叔，我住的是租的房子。像我这样的需要购买财产保险吗？"

"很好的问题，雅琪。**很多保险公司都推出了'房屋出租险'，这个是针对房东的。也有组合保险，它既为房屋的出租方，又为房屋的承租方提供保险保障**。你不是打算换一个便宜一点的房子租吗？我建议你在签租房合同前问问你的新房东，房子是否有保险，具体的保障项目有哪些。如果房东没有购买房屋保险，你应该建议房东购买，或建议你和房东分担保费。这样的保险也不贵，可以买个心安。"

"太好了，老叔！我又长知识了！"

"时间过得好快啊，下午 5 点了。要不大家各自放松一下？我先和在澳大利亚的老婆和孩子通个视频，他们的时间是晚上 8 点。"智富看了下时间说道，"如果大家不反对，我建议今晚继续在我这里聊。趁着大家有兴致，明天 1 月 2 日还是休息日，我们就把大家关心的养老相关的投资问题都聊一下。"

"太好了，老同学！我来叫外卖吧！"

"绝对不行，你们都是客，客随主便。我来点外卖！"

"太好了，老叔！有免费的财经讲座，还能免费吃喝，这个元旦过得太充实了！"

"智富，我家就在隔壁楼。我回去炒两样拿手菜带过来总可以吧！"子安笑着说。

"这个可以，子安。要不，你将太太也一起叫过来吃晚饭吧！我晚上想聊聊购房基金和如何做家庭预算。我们6点半开吃，来得及吗？"

"来得及，我这就回家做菜！我做菜又快又好！一会儿见！"

购房基金

智富点了六份菜，雅琪帮忙做了盘皮蛋豆腐，申泰炒了份香菇油菜，加上子安做的两样拿手菜，一共十样菜，十全十美！

子安的太太慧娴在一家中型软件公司做人力资源工作。最近几年，公司业务大幅下滑，虽然公司裁人不多，但收入较几年前下降不少。自己还有两三个月就生小孩了，过两年还想要老二，换房子，加上这两年老公创业失败，慧娴也迫切想知道如何做好财务规划。

五人刚落座，慧娴就举起酒杯对众人说："很开心能够在新年认识各位新朋友，我以水代酒祝大家新年身体健康，万事大吉！"慧娴接着举杯对智富致敬："我要特别感谢智富为我们的财务问题指点迷津。您让我们卖车的建议特别好，我早就想把它卖了。做脸上风光的穷光蛋压力太大了！"

"谢谢慧娴，很开心能够和老同学、亲侄女、好邻居＋跑友一起过新年。过去几年大家都过得很不容易。相信今年会变好，未来会更好！干！"

"干！干！干！"众人仰脖将杯中物一饮而尽。

"慧娴，你刚刚说的那句话 ——'做脸上风光的穷光蛋压力太大了'——实在是太对了。其实，穷光蛋即使脸上能风光，也往往是暂时的，很多人最终不但还是穷光蛋，而且是'脸上无光的穷光蛋'。谈到压力，不用说大家都知道，多数人的最大压力来自房子。我们下午聊了教育基金和保障基金，现在我就谈谈购房基金。我们边吃边聊啊！

"对于房子，我的基本观点是'**购房不是必须做的，但是很多情况下，我们不得不购房**'。拥有自己的住房几乎是所有中国人的梦想，甚至是信仰，是必须实现的人生大事。中国人民银行调查统计司在2019年针对全国30个省（自治区、直辖市）的3万多户城镇居民家庭开展了资产负债情况调查[1]。调查结果显示，家庭资产以实物资产为主，住房占比近七成，住房拥有率高达96%！

"有几个原因造成了我国这么高的住房拥有率。

"第一，还是观念问题。如果父母、亲戚、朋友和同事都认为必须有自己的房子，那个人也会觉得有必要买房或迫于压力不得不买房。不少父母甚至会要求子女在找对象时，将对方是否有房产或有能力购买一套不错的房产作为考虑的重要甚至是决定性因素。

"第二，为了孩子上学。在中国，绝大多数地区的孩子要上好的公立幼儿园、中小学，是要看房产证的，即要拥有所谓的'学区房'，而且不但要买房还要落户，就为这一点，就算房价再高，很多家长自己不吃不喝也都要买个学区房。

"第三，很多人认为房价一直会上涨，即使下跌，那也是短暂的，过一两年房价还是会涨回来。因为这个认知，不少人即使东借西凑也要尽早买房，怕错过了，今后就上不了车了。我中午吃饭的时候说过中国房地产市场过去几十年的发展在世界上是绝无仅有的。如果我们认为未来几十年房价还会持续大幅上涨，那我们有可能会失望。

"对于我们个人来说，如果我们认为必须购买，是刚需，那购房也没

---

1 数据出自《证券时报》于2020年4月27日发布的《中国城镇住房自有率达96%，户均资产超300万》一文。

有问题。关键有三点：第一，在自己家庭能力范围内购房。如果目前只有能力购买 80 平方米的房子，就不要东借西凑去买 120 平方米的房子。第二，购房时，未必要全力以赴。意思是如果你现阶段有能力购买 150 平方米的房子，但你目前单身，你未必一定要购买这么大的房子。你可以买一套一室居，将多余的资金用于其他投资。等你结婚了，确实需要大的房子了，到那时你可以再购买大房子。第三，选房的关键永远是'地点、地点、地点'。你可以改变室内装修、家具，甚至可以将阳台封起来做个小书房，但你改变不了房子所在的城市、所在的区域；改变不了小区的位置，离地铁、学校、菜场、医院的远近；你改变不了房子在小区的位置，是小区中央，还是最里面或最边上的；你改变不了房子的楼层。"

"老叔，谢谢您的分享和忠告。我现在是租房，我也知道相对于买房，租房的生活压力会小很多。但我想过几年后，等有经济能力了且在上海有购房资格了，还是要买房。您也知道我爸妈，他们肯定也希望我在上海成家立业，有自己的住房。您看我这样的情况应该如何准备？"

"看来买房是你的刚需啊！我希望任何人在正式决定买房前，都要仔细考虑一下下面的几个问题。"

购房前的灵魂六问

智富清清嗓子，严肃地说道："第一，你的工作和生活在未来五年内相对稳定吗？

"未来几年，你会在同一家单位或同一个区至少是同一个城市工作、生活下去吗？有些人就想在某城市工作几年，之后就会跳到其他城市或回家乡工作，但也有很多人就想一辈子留在某个城市，但眼下工作却不是很稳定，很可能工作一两年后，想跳到更好的单位。变换工作在小城市还好，但如果是在大城市，现在住的地方和新单位可能相隔很远，如果不换住房上下班就会很累。我有个朋友几年前在上海外围的青浦区买了套房子，但他和太太现在都在浦东陆家嘴上班。即使早晨出门很早，自己开车也要 1 小时左右才能到公司。他们试了几个月后觉得上下班太辛苦，路上辛苦导致上班效率也不高。后来，他们就在浦东租了间房子，青浦的房子由于是精装修的，也舍不得出租。你们说，这不是遭罪吗？

"一些有经济能力（无论是自己有能力还是在家人的帮助下有能力）的单身人士打算个人先买房，等过几年成家后，再和配偶一起买个更大的房。这么做的好处是第一处房产属于婚前财产，但这会影响婚后的购房计划和能力：房贷利率、偿付能力，甚至是购房资格都会受影响。如果你的配偶想买个大房子，可能会建议你将自己的房子卖掉，这时候你该如何应对？我不反对有能力的人婚前购房，但需要考虑好对婚后关系的处理。"

"第二，每个月能还多少房贷？

"我一般的建议是一个家庭每月在房贷上的开销应以不超过税后收入的 30% 为宜。但如果是在房价比较贵的一二线城市，根据家庭实际情况，房贷可以略超过税后收入的 30%，但不建议超过 40%。这一点很重要，因为根据自己的收入可以推出申请房贷的额度，从房贷额度我们可以推出我们可以花多少钱购房。

"第三，每个月有多少住房公积金和补充住房公积金？

"住房公积金有效增强了家庭偿还房贷的能力。假设一个双职工家庭的月税后总收入为 20000 元，如果按照 30% 来算，该家庭每个月用于还房贷的最高金额为 6000 元 (=20000 元 × 30%)。如果夫妻二人每个月的公积金总额为 3000 元（含补充），实际上该家庭每月可还房贷 9000 元。

"第四，你有多少首付款？

"各地区的首付标准不一样，而且国家指导政策会随着宏观经济的波动而调整。我们可以根据家庭的税后收入、个人和单位缴纳的住房公积金来估算出房贷额度，并根据当地首付比例标准来估算出最低的首付款。

"如果你已经想好了在哪个区域购房，买有几个房间、大约多大面积的房子，你应该大体知道房子的总价格了。假设房价是 200 万元，首付款 60 万元，则需要贷款 140 万元。如果你估算出的贷款额度超过 140 万元，那很好，说明你还房贷能力很强。如果你估算出的贷款额度只有100万元，那你购买200万元的房子所需要准备的首付款就要达到100万元。如果没有100万元，那么要么推迟购买计划，要么买便宜点的房子。

"另外，别忘了购房的各种税费，如果是二手房，一般还有中介费。再有，是否要买车位？这些都要提前想好，并做好相应准备。

"第五，你是否还有其他高利息的债务，如信用卡债和通过民间借贷欠的债？

"在这些债务未还清之前，请不要考虑贷款买房。

"第六，你是否需要动用应急基金来付首付和购房相关的税费？

"如果你不得不动用应急基金来做这些事情，那就说明你的流动资金不够充足。一旦工作或家庭出现不利的事件，你很可能不得不借信用卡债或其他高利息债务。就像子安借的月息为1%的20万元债务那样。"

从月收入和住房公积金推算能买多贵的房子

"当我们确定要购房后，我们可以根据家庭的税后收入和每个月缴纳的住房公积金和补充住房公积金来估算可以买多贵的房子，最少需要筹备多少首付款，贷款额为多少。

"我用刚刚举的例子来具体说明一下如何估算。

"假设一个家庭的月税后总收入为2万元。每个月用不超过收入的30%来还房贷，2万元的30%为6000元，加上每月3000元的公积金（含补充），总计为9000元，这意味着该家庭每月最大还房贷能力为9000元。假设房贷利率为4.5%，贷款期限为30年。经过测算后，该家庭可以申请额度为177.6万元的房贷。现在很多购房App上都可以直接显示每套房在不同首付下的每月还款额，看起来一目了然。

"在实际操作中，很多人可以在申请商业贷款的同时申请住房公积金贷款，而且公积金贷款利息要显著低于商业贷款利息。"

为购房做准备

"太棒了，智富。您这么一解释，我和子安就知道我们两三年后购买改善住房需要准备多少购房基金了！"慧娴拍着手开心地说，"子安，你看啊！假设我们两人三年后月净收入的30%加上公积金为1.5万元，房贷利率为4.5%，那我们能贷296万元且经济上不吃力。到时候我们会将现在的房子卖掉，估计到手价在1200万元左右。假设三年中，我们通过储蓄和投资积累了30万元，这几个数字一加就可以算出三年后我们可以买一套1526万元左右（含税费）的房子。我们可以根据这个数字，结合我们对学区、交通便利度、房间数和面积等方面的要求，来选择房子。"

"对的，慧娴，你分析得很对。假设三年后你们看上的房子价格为1600万元，超出了预算几十万元，你们该怎么办？"

"嗯……向双方父母借钱？"

"这是个方法，如果双方父母有钱并愿意借的话。另一个方法就是适度增加一些贷款。我们用的是税后收入的30%来估算的。**由于上海的房价很高，我不反对用35%甚至40%来估算每个月可承担的月供，但不要超过40%。通过这个方法来适度增加房贷仅适用于高房价的一二线城市。对于生活在房价较低的城镇的家庭，我建议使用25%来估算月供。**"

"老叔，我也基本弄清楚如何为购房做准备了。我现在25岁，打算30岁左右结婚，35岁左右生小孩、买房子。假设10年后，我变成了律所的资深律师，我未来老公也是一个金领，我们两人税后收入的30%加上公积金有4万元，那我们就有能力贷款789万元了，但要准备338万元的首付款。为了保守起见，我和未来老公每人各出180万元作为首付。也就是说，我要在未来10年存够180万元，对吗，老叔？"

"太对了，雅琪！看来你这两天进步很快啊！"

"那当然，我老叔教出来的学生能差吗？"

"哈哈，不要吹捧你老叔了。这些数字是在未来房贷利率不变和家庭税后收入基本稳定的基础上得出的。中国的房贷利率是浮动的，过几年房贷利率是有变化的可能的。另外，我们可以选择等额本息或等额本金两种还贷方式。两者具体的差异我在这里就不细讲了。

"雅琪，你有了 10 年 180 万元的小目标后，下一步就是做好每个月、每年的预算，以确保能够 10 年后攻克这个财富堡垒。别忘了，我们讨论的不止购房这一个财富堡垒，我们要攻克的堡垒还包括教育基金、保障基金、赡养基金这些。下面我就再聊聊赡养基金，这对申泰和我这样的上有老下有小的'夹心一代'是个很重要的绕不开的话题。"

赡养基金

"申泰，我知道你这次回国发展的一个主要原因是想照顾年迈的父母。你虽然有个姐姐，但她身体不太好，对吧？"智富问道。

"是的，我爸爸今年 80 岁，妈妈 75 岁了。我姐姐大我 5 岁，年纪虽不大，但身体不好。她几年前得过癌症，还有严重的糖尿病。"

智富说："我爸妈年纪也都快 80 岁了，我长期在上海，平时主要是我哥哥嫂子，也就是雅琪的爸妈照顾他们。这些年来，我接触的不少客户家里因赡养老人问题而闹矛盾，我自己也一直在琢磨我父母的养老问题。还好，我有个哥哥，我和哥哥一家关系也都很融洽。我早就和父母、哥哥嫂子协商好了：因为我无法长时间在老家，而父母也不习惯长时间在上海生活，赡养父母的重担主要落在哥嫂身上，但超出父母退休金部分的赡养费用我出 80%，而且父母的房产在他们百年之后也都全部给哥哥。

"我家赡养老人的事情相对简单。但在很多家庭，这个问题很复杂。我一个老同事，老家是外地的，他有两个弟弟。几年前，他爸爸得癌症，被他接到上海来看病。短短几个月，不但父母的积蓄花光，我同事还额外出了几十万元医疗费。老爷子还算幸运，病治好了。但最近听说，同事的妈妈中风了，需要花钱请专人护理。按道理，护理费应在三个兄弟之间分摊。但因为几年前，老爷子在上海治病，我同事出了大头的医疗费，我同事的爱人希望妈妈的护理费另外两个兄弟多出些。而另外两个兄弟认为大哥经济实力最强，而且常年不在父母身边，这次妈妈的护理费最好还是三家人分担。他们兄弟几个因为这事搞得很不开心。类似的事情太多了。

"申泰，你家的情况要复杂一些。虽然你姐姐在老家，但她身体不好。我不知道你是否有时间坐下来好好和你父母、姐姐姐夫讨论赡养问题。"

"还没有，前几年觉得没有必要，因为他们身体还都硬朗。前两个月回去帮老爷子过八十大寿，也来去匆匆，没有时间谈这个。"

"这其实是个很大的问题。我建议你尽快和他们协商。子安、慧娴，你们的父母年纪应该还不算大，但我想你们都是独生子女，父母的赡养你们责无旁贷，越早和父母一起协商制订赡养计划越好。雅琪，你父母，也就是我哥嫂的赡养问题，现在谈还早，等他们退休了，我再召集一个家庭会议专门讨论。"

"多谢老叔！我有空会多回老家帮助爸妈照顾好爷爷奶奶的。"

"有这份心很好！我认为目前退休老人的生活可以分为三个阶段。第一阶段为退休到 75 岁左右——活力老人阶段。这个阶段的人往往还很活跃，有精力经常游玩，可能还会做兼职，或帮子女带孩子做家务。第二阶段为 75 岁到 85 岁——功能衰退阶段。这个阶段的老人多数仍然较活跃，但腿脚开始不灵便，一些主要器官的功能出现较明显的衰退，但多数人的生活仍能自理。第三阶段为 85 岁之后。这个阶段的人通常会因健康问题而需要更多的日常照料，多数人需要半护理或全护理。

"当然，这三个阶段[1]的划分很粗略。有些人到了 90 岁都还很有活力，而有些人 60 岁出头就需要他人照顾了。而且，别忘了，人类的预期寿命平均每 10 年增长 2～3 年。到了雅琪这一代退休的时候，很可能多数人在 90 岁之前都还处于活力阶段。"

为赡养做财务准备

"对于目前的老人来说，我建议子女在父母 65～70 岁之间、自己 40岁左右的时候，就和他们一同协商赡养问题。提前做好计划：如果你是

---

1 有人将退休阶段分为：活力、自理、半自理、全护理和临终五个阶段。

独生子女，今后他们是否要和你住在一起？如果不住在一起，你打算多长时间看他们一次？你需要雇人来照顾他们吗，还是送他们进养老机构？如果你有兄弟姐妹，兄弟姐妹之间如何分摊赡养的义务？人力、财力如何出？如果父母的养老金和积蓄不，基本医疗保险不报销的医疗费用如何出？如何分摊？

"这些问题如果不早点做好规划和准备，到实际需要出人出钱出力的时候，你可能就会手忙脚乱，甚至会牺牲自己和孩子的需求。假如，你和父母住同一城市，平时有保姆照顾他们，但父母希望周末的时候你能够去陪他们一整天，可是在周末，你12岁大的孩子需要你送他去参加这个班那个活动，你该如何平衡？事实上，有不少人因无法平衡自己工作和照顾父母之间的关系，而不得不做出痛苦的决定，包括放弃工作。例如，在英国，在50～64岁的人群中，因为需要照顾老人，有四分之一的人没有工作，这个数字在西班牙为三分之一。

"从财务安排的角度来看，规划赡养基金要比规划子女教育基金和购房基金困难。因为父母未来的医疗费用、当地的医保报销政策、他们究竟能活多久、究竟有多长的健康生存期等很难预测。不像上大学，绝大多数人会在四年后本科毕业；也不像买房，我们心里基本清楚会在哪块区域买多大的房。

"困难虽困难，但并不表示我们不能根据一些统计数据做出较为合理的规划和估算。例如，中国女性的平均寿命要比男性的长5～6岁；夫妻两人间，男性一般要比女性年长几岁；人在生命中最后一年在医疗费用上的开支要显著高于其他年份[1]。基于这些数据，我们来看看一个现年45岁的人，针对他70岁的父亲和68岁的母亲做的赡养规划。假设他父亲85岁过世，母亲在91岁过世，每年的费用支出可参考这张表。

---

1 根据一份早期研究，在美国，老人在生命最后一年的医药费开销大约是老人在其他年份医药费开销的5倍。

父亲 70~85 岁，母亲 68~91 岁的赡养规划[1]

未来 7 年：父亲 70~77 岁，母亲 68~75 岁	第 1 年	第 2 年	第 3 年	第 4 年	第 5 年	第 6 年	第 7 年	未来 7 年赡养费总计
每年的赡养费用	0	0	0	0	0	0	0	0

未来第 8~15 年：父亲 78~85 岁，母亲 76~83 岁	第 8 年	第 9 年	第 10 年	第 11 年	第 12 年	第 13 年	第 14 年	第 15 年	未来第 8~15 年赡养费总计
第 8~14 年，每年赡养费增长 5%	25000	26250	27563	28941	30388	31907	33502	100507	304057

未来第 16~23 年：母亲 83~91 岁，父亲去世	第 16 年	第 17 年	第 18 年	第 19 年	第 20 年	第 21 年	第 22 年	第 23 年	未来第 16~23 年赡养费总计
第 16~22 年，每年的赡养费增长 5%，第 23 年的费用是第 22 年的 5 倍	20000	21000	22050	23153	24310	25526	26802	134010	296850

未来 23 年的赡养费用总计（按当前价格计算）
600907

1 计算时精确到整数。

"在未来 7 年（父亲 70～77 岁，母亲 68～75 岁），他父母还属于活力老人，不需要他的照顾。

"在接下来的 8 年（父亲 78～85 岁，母亲 76～83 岁），他父母身体状况逐渐变差，在父母退休金和积蓄的基础上，他需要支付一定的赡养费用。假设在第 8 年时，他需要支付 2.5 万元（按照现在的价格），之后随着父母年纪增大，赡养费每年增长 5%。在第 15 年，即父亲 85 岁过世那一年的赡养费用假设为第 14 年的 3 倍。

"在第 16～23 年，他的母亲会单独生存至 91 岁。在这期间，他只要支付母亲一人的赡养费。一般来说，一个老人的赡养费要比两个老人的一半多一些。假设第 16 年，他需支付 2 万元，之后的 6 年，赡养费同样每年长 5%。在第 23 年，即母亲 91 岁过世那一年的赡养费用假设为第 22 年的 5 倍。

"基于这些简单假设，他需要在未来第 7 年结束的时候准备 30.4 万元赡养费用（按照现在价格计算）。如果假设未来每年的通货膨胀率为 3%，那 7 年后，他需要有 37.4 万元 [=30.4×(1+3%)^7]。同样地，在未来第 15 年结束的时候，他需要准备额外的 29.7 万元（按照现在价格计算）用于母亲独自一人的赡养。"

和兄弟姐妹沟通

"智富，你演示的赡养规划和估算太有价值了。我会尽快找个机会坐下来和爸妈、姐姐姐夫好好沟通一下，"申泰说，"赡养父母是我们每个子女应尽的义务，但在世界上任何一个国家这都是一个不容易处理好的问题。根据《华尔街日报》的报道，在美国，大约有 5300 万义务照顾家庭成员的人，其中约有一半是照顾父母或公婆的子女。随着人口老龄化和专业护理人员的持续短缺，这个数字还会不断上升。我相信这个数字在中国会更高。"

"老同学，你说得很对。如果兄弟姐妹能够发挥彼此优势，有效安排各自的时间和财力，照顾好父母的晚年生活，就能够增进兄弟姐妹间的亲情，反之，则会造成裂痕，甚至会反目成仇。举个美国的例子，波士顿的黎姿·奥唐纳女士创办了'工作女儿'（Working Daughter）——一个女性护理者的线上社区。奥唐纳父母在世的时候，她主要负责父母的生活起居。她曾创建了一个电子表格，其中有196项任务，全部由她处理。她意识到自己擅长后勤和管理，但她不太喜欢每天和父母聊天。因此，她让一个妹妹每天晚上给母亲打电话。

"很多人觉得和自己的兄弟姐妹谈论照顾父母的问题很难，如果自己和他们相处得不好就更是难上加难。我的建议是越早沟通越好。我们可以直截了当地说：'我们是一家人，我们都很关心父母。你认为在照顾父母方面自己能够提供什么帮助？'

"我当初就是这么和我父母、哥嫂协商的。无论兄弟姐妹之间关系是好是坏，直接地说、尽早地说都是上策。当然，我们要首先尊重父母的意见。有些父母希望和某个子女一起居住；有些希望单独居住，但希望子女经常来看望；有些希望在几个子女家轮流居住；有些则希望住进养老院。

"由于各种原因，不少老人会犯财务上的错误。就我接触到的案例，我可以这么说，很多责任在成年子女身上：他们没有和父母一起做好养老规划，没有经常性地和父母沟通，关心他们、提醒他们。

"我建议我们无论是否是家里的独生子女，都要制订一个详细的护理计划，将它写下来，确保每个人都支持。我甚至建议每个人都在计划上签字。该计划须包括：费用如何分担（是先从父母的积蓄和养老金上出，还是子女分担，还是卖掉多余的房产）、谁来主要负责照顾（是某一个子女，还是轮流，还是请护工，还是送到养老机构）、谁来负责协调等。如果大家都同意某个子女为照顾父母做了很大的牺牲，该子女可以获得更多父母的遗产作为补偿。在我们家，我们都一致同意父母的房产在他们百年之后全部留给哥哥。在我的建议下，我父母也立了遗嘱，将这个写在了遗嘱里面（请参阅'完美谢幕'这一章）。"

"太感谢智富了！"慧娴感激地说，"我和子安虽然都是独生子女，没有兄弟姐妹可以依靠，但您说的对我们帮助也很大。我们的父母刚退休不久，现在还充满活力，但我们还是会找些适当的时机和他们沟通，了解他们对自己养老生活的需求：今后是要和我们一起住、靠近住还是住养老院以及养老费用的规划和财务安排。"

"不客气，"智富接着说，"和父母沟通时要注意技巧，需要尊重他们的意见。如果他们的想法和我们不一样，不要想一下子说服他们。慢慢来，找机会。我强调早沟通，就是因为要说服父母可能需要很久。

"我有个大学同学毕业后去海南工作，在海南发展得很好。他很早就劝父母搬到海南和他一起住，但他父母就是不愿意，他们喜欢家乡，喜欢两个人独自生活。我同学一开始想不通，后来就采取了一个很好的策略。他先是在冬季的时候，将父母接到海南过两个月，让他们享受南方的阳光和海滩。这样持续了几年，他父母也渐渐觉得在海南养老不错，也结识了一些朋友。前几年，他父母最终决定长期居住在海南，但没有和儿子住在一起，而是住在附近的一个小区。"

"这个方法不错！我父母也在外地，这个方法可以学习！"慧娴竖起大拇指说。

实现养老目标的 GPS——预算

"我们很清楚自己目前的财务状况（起点），在明确了未来要达成的养老目标（终点）和从起点至终点间要攻克的财富堡垒后，下一步要做的就是实现有钱养老这个目标，在此过程中，做好家庭财务预算是关键。

"《邻家的百万富翁》一书作者托马斯·斯坦利博士在调查美国百万

富翁时问道：'你知道你的家庭每年在食物、衣服和住所上花费多少吗？'三分之二的受访者的回答是肯定的。他在书中写道：'通过预算和控制开支，他们成了百万富翁，并以此维持了他们的富裕地位。'

"预算是实现养老目标的行动指南。很多人觉得做预算很复杂，很费时费力，其实不然。第一次做预算可能会花较多时间，可能需要几小时，但这之后，每个月可能只要花半小时来查看过去一个月的现金进出和制订下个月的现金流预算就够了。

"其实，我们在讨论家庭收支表的时候就涉及了预算的各个方面。我们现在要做的是根据我们拟定的养老目标和要攻克的财富堡垒，结合我们的资产和负债，以及每期的现金流，制订出符合自身家庭实际情况的预算。"

税后收入

智富接着说："做好预算的第一步就是记录每期的税后收入。由于多数单位的工资是在每个月的下旬发放的，一个很方便的做记录和预算的时间节点就是拿到工资的当日。如果你像多数人一样，只有一份工作，工资也固定，那每期税后收入的记录相对较简单。唯一要注意的是中国的个税是根据每年的总收入来计算的，但每个月都计提。因此，**对于需要缴纳个税的人群来说，每个月的税后总收入是按月逐渐减少的**（有些月的税后收入可能相同）。**对于超高收入人群，1月的税后收入可能要比12月的高出很多。**这类人群就应该将多出部分提前还债（如果有的话）或用于投资，或放在风险低的短期理财产品中，等到10月、11月、12月的时候，在需要时再将这部分资金释放出来。

"有多个工作的人需要记录所有收入。比如，有些人下班后开网约车或送外卖赚取额外收入，这些收入也需要记录下来。"

投资未来

智富说："清楚了下个月的现金流入后，下一步需要做的就是为第一笔，也是最重要的一笔'开支'做好预算。我相信大家都记得我说的《富爸爸，穷爸爸》作者清崎和邓普顿爵士的故事吧！"

"智富，我不清楚您说的这两个故事。"慧娴说道。

"对了，你刚刚过来。我之前提到清崎和他妻子在年轻的时候就决定，每赚 1 美元，就必须将其中的 30 美分作为'开支'用于储蓄、捐献和投资。'全球投资之父'邓普顿爵士更是将赚的每一美元的一半用于储蓄和投资。"

申泰接过话："智富，我几年前看过一本书，作者是西蒙斯家族基金的首席投资官阿什文·查哈布拉（Ashvin Chhabra），他在书中提过一个为养老存钱的简单公式：

$$存钱比例 = \frac{退休年数}{工作年数 + 退休年数}$$

"举个例子，如果你从 25 岁开始工作，直到 65 岁退休，并且活到 100 岁，那你的工作年数就为 40 年，退休年数为 35 年。你在工作期间每年的存钱比例就等于 35/75 = 46.7%。他指的存钱包括房产投资、证券投资、国家的基本养老金、个人养老金和保险年金等。"

"谢谢申博士的分享，我很喜欢查哈布拉的公式。它简单易懂，还凸显了一个关键问题：**我们活得越久、退休阶段越长，在工作期间要存的钱就要越多。**

"存三分之一，还是一半，还是 46.7%，我们要根据各自家庭的实际情况和对未来的预期来确定，不应该机械地采纳某个数字。我们存下来的钱，或储蓄，或投资，其实都是投资家庭的未来和自己老年的幸福生活。

"要做好这部分的预算，我们要清楚自己的养老目标和要攻克的财富堡垒。雅琪，我们可以用你来作为案例吗？你之前说过未来 10 年需要积累 180 万元的购房基金，你也承诺尽快存上 2 万元作为应急基金。你目前还没有成家，没有孩子，可以暂时不考虑子女的教育基金，将重点放在应急、保险、购房和养老基金上。"

"太好了，老叔，您能帮我做预算真是求之不得。可是我不知道怎么做啊！"

"首先，我们来计算一下你每个月的税后工资。我们银行有专门的计算税后工资的 App，我们也可以用一些网站上的计算器。你的税前工资是 2 万元 / 月，对吧？你每个月的住房公积金交付比例是多少"

"对的，我目前税前工资为 2 万元，住房公积金单位和我各交纳 7%。"

"我算了一下，你平均每月的税后收入为 15560 元。

"首先要做的事情是购买保险，包括人寿保险、医疗保险和财产保险等，并存足够的应急基金——为自己的人身和财产提供最基本的保障，并为可能的突发事件做好应急准备。你现在很年轻，也很健康，购买定期人寿保险会很便宜。你租的房子，如果新房东愿意购买财产保险那最好。如果对方不愿意，你自己购买也特别便宜。你现在购买'百万医疗险'也特便宜，只要大约 20 元 / 月。我估计你这几个保险加起来，每个月的保费不会超过 400 元。

"我建议你在半年内存够 2 万元的应急基金，也就是在未来 6 个月中，每个月要存 3400 元左右。除了基本的养老金投资，我建议你在存足应急基金之前不要考虑其他投资。而且**应急基金的钱要投资在绝对安全、流动性高的资产账户里**，如活期存款、可以随时赎回的现金理财产品（如很多银行都有各种"宝"类现金理财产品账户）里，支付宝和微信也都有流动性和安全性很高的理财产品。"

"好的，老叔。下个月开始我就要和同学合租了，会在房租和水电上省去大笔费用。如果我未来 6 个月不旅游，不在衣服、鞋帽上有大的开销，我相信我能在 6 个月之内存上 2 万元的应急基金。借您的电脑一用。"雅琪边说边将智富的手提电脑拿到自己身边。不一会儿，她就将未来 2～6 月的预算就做好了。

雅琪月度预算（日期：2024 年 2～6 月）

税后收入 / 支出	金额（元）	占总收入或总支出之比
工资收入	15560	83.8%
兼职收入	0	0.0%
其他收入（房租）	0	0.0%
税后收入合计	15560	100.0%
现金、储蓄 / 短期理财	500	3.2%
个人养老金账户	1000	6.4%
应急基金	4100	26.3%
保险（人寿、健康、财产保险等）	400	2.6%
捐赠	300	1.9%
养老基金	0	0.0%
购房基金	0	0.0%
子女教育基金	0	0.0%
赡养基金	0	0.0%
"登火星"基金	0	0.0%
其他	0	0.0%
储蓄、投资、捐赠、保险合计	6300	40.5%
房贷	0	0.0%
车贷	0	0.0%
信用卡债	0	0.0%
其他贷款或债务	0	0.0%
每月还贷、还债合计	0	0.0%
正常伙食费＋柴米油盐	2100	13.5%
房租	5000	32.1%
水、电、气、宽带、手机费用	160	1.0%
医疗费（包括看牙医等）	200	1.3%
自我提升（书、网课、讲座、健身等）	500	3.2%
交通费 / 汽油费 / 车保险	200	1.3%

续表

税后收入 / 支出	金额（元）	占总收入或总支出之比
子女教育费、补习、课外活动费用	0	0.0%
衣服、鞋帽	200	1.3%
旅游	0	0.0%
外卖＋餐厅吃饭	300	1.9%
钟点工、保姆	0	0.0%
习惯性消费（烟酒、咖啡、奶茶等）	100	0.6%
社交（聚餐、娱乐等）	300	1.9%
其他（礼金、礼品等）	200	1.3%
各种生活费用合计	9260	59.5%
总支出合计	15560	100.0%

　　"大家看，"雅琪指着墙上的投影说道，"由于房租省了 4000 元，而且没有旅游开销，在衣服、鞋帽上的预算也降到最低了，我可以在 2～6 月每个月往应急基金里存 4100 元，半年后，应急基金里就应该有 24600 元了。由于是第一次做预算，我留有 500 元作为机动。大家觉得我这个预算做得怎么样？"

　　"很棒！"大家都竖起大拇指对雅琪说。

　　"很不错，雅琪！你这个预算还是蛮合理的，具有可操作性。比如，你要搬入的房子虽然离公司也是走路距离，你还是留了 200 元作为交通费用。这个很好，因为你可能因为各种各样的原因需要打车或坐地铁。在各个项目下，给自己留点余地，包括留了 500 元的机动资金，对于像你这样第一次做预算的人还是很重要的。这样会帮助你实现每一期的预算目标，并有助于长期坚持下去。"

养老基金预算

　　智富继续说："我们下一步需要估算的是养老金投资需求。个人养老金账户由于有税收和费率等方面的优惠，而且对于养老的投资越早越好——越早，复利的魔力就越大——因此，我们在设立应急基金的同时须投资个人养老金账户。目前我国规定的通过个人养老金账户的年投资限额为 1.2 万元，因此每个月可以投资 1000 元。我看到你已经将这 1000 元做进了预算，很棒！雅琪，你还记得我们在谈养老目标时，我让大家写下一个具体的数吗？"

"我记得的，老叔。我的养老目标是退休时，能达到养老自由。由于我们律师这一行越老越吃香，我也特别热爱这个职业，所以我打算工作 45 年，到 70 岁左右才退休。退休时，我和我未来的老公都会有国家基本养老金，而且我们各自的个人养老金账户经过 45 年的积累，里面应该积累了相当的财富。我仔细想了一下，在基本养老金和个人养老金的基础上，我每个月只要额外的 8000 元（按照现在价格计算）就能达到我心目中的养老自由了。"

"很好。我认为你假设 70 岁左右退休很合理。别忘了，你们这代人的寿命大概率会超过 100 岁。百岁人生，70 岁退休不算晚。有了你的退休时间以及达到养老自由额外需要的金额，我就能估算出你现在每个月需要投资多少在养老上了。"智富一边说一边向大家演示如何用 Excel 来计算，"你们看啊，8000 元一个月，就是 9.6 万元一年。假设你能活到 100 岁。也就是说，你退休时，按照现在的价格计算，总计需要 288 万元（=9.6 万元 ×30 年）。如果我们假设未来 45 年的通货膨胀率为每年 3%，在雅琪退休的时候，按照 45 年后的价格计算，她需要 1089.1 万元 [=288 万元 ×(1+3%)^45]。

"我们现在的问题是，雅琪要在 45 年后 70 岁的时候让养老账户里有 1089.1 万元，她现在每个月要投资多少钱？由于我们不是神仙，我们不可能准确预测未来的投资收益率是多少。但我们可以根据一些历史数据来假设未来的投资收益率。有关投资的具体问题，我会找机会再聊。由于雅琪的投资期限较长，她可以投资一些相对收益较高，但风险也较高的资产，如股票。我们假设她的投资年化收益率为 8%，投资 45 年，每个月都投资相同金额。要达到 45 年后有 1089.1 万元，她需要每个月投资 2064.82 元！"

"哇！每个月只要投 2100 元不到，45 年后就能积累到 1089.1 万元？" 雅琪掩着嘴惊呼道。

"是啊！别忘了实现有钱养老的另一大法宝：长期投资。由于你现在才 25 岁，而且打算工作到 70 岁，45 年的不间断积累能够造就巨大财富。要注意，每个月投资金额取决于投资收益率。如果实际收益率低于 8%，那 45 年后能够积累的财富就达不到 1089.1 万元。如果我们假设收益率只有 7%，那你每个月就需要投资 2871.65 元才能在 45 年后积累到 1089.1 万元。投资收益率的具体问题我在讨论投资的时候再聊。"

购房基金预算

"再下一步就是比较头疼的购房基金预算。由于你的预期比较高——希望 10 年后，能够攒有 180 万元的购房基金。假设未来 10 年你的工资不断增长，住房公积金也不断增多，平均达到 4000 元 / 月。加上你已经积累的公积金，10 年下来，也不过 50 万元左右，你还需 130 万元。另外，10 年的投资期限比较短，而且越靠近购房的时间，投资的风险就要越低，因此，我们在假设投资收益率的时候就需要相对保守，比如 6%，甚至 4%。

"我们可以估算一下，如果定投，年化投资收益率为 6%，10 年后要达到 130 万元，每个月需要投资多少金额？利用计算养老金投资的公式，**我们很快可以算出每个月需要定投 7932.67 元。**

"按照你现在的收入，除非你不吃不喝，不然根本不可能投资这么多的钱。"

"老叔，您说得很对。那我怎么办啊？我是不是一辈子买不起房啊？您也知道，我爸妈的经济条件一般，我还想今后有能力帮他们养老呢！"

"雅琪，我相信只要你愿意，你 10 年后肯定可以凭着自己的能力买上房。再想想实现有钱养老的那些法宝。你现在已经开始节俭存钱了，也没有负债，并愿意长期投资，你还能做什么能够帮助自己攻克购房这个财富堡垒？"

"开源？我除了当律师还能做什么？"

"思路是对的。继续想！你在哪方面有特长或比较优势？"

"家教？"

"对啊！我记得你英文特别好，几年前还在全国大学生英语辩论赛上获过奖，你好像也做过英文家教。"

"几年前我确实做过英文家教，由于我得过全国大学生英文辩论赛二等奖，当时想请我做家教的人还不少。我想如果现在做 1 对 1 家教，估计 1 小时收两三百元不成问题。"

"对了，如果你周末抽一个下午做家教，我估计你一个月额外赚 3000 元是不成问题的。但有一点很重要：**不要因为想多'开源'而影响了本职工作。你现在最重要的是积累自己的无形资产，不断学习，在工作中尽快提升自己。**"

"老叔，您放心，什么最重要我是很清楚的。我想尽快地升职／'升值'，早日成为公司的合伙人。我现在每周工作六天，周日不工作，一般会早上睡个懒觉，下午和朋友喝茶聊天，锻炼身体。但为了早日实现养老自由，我想每周日上午做家教两三个小时还是可以做到的，这样也不用睡懒觉了。但我不想做英文家教了，因为这个对我的职业发展没有帮助。我可以辅导硕士生参加律师资格考试。前几天，有个好朋友还问我愿不愿意帮她的表妹辅导法律专业课，她愿意出很高的辅导费。"

"那就太好了，你这个'开源'的想法要比我的建议好太多了——在赚钱的同时，还能加强自身的专业素养。我重述一下昨天说的观点：**最理想的'开源'是在赚钱的同时，提升自身核心竞争力，增强自身的人力资本和社会资本。**来，我们来一起调整一下你的预算，看能否实现你购房的愿望。"

"大家看啊，"智富指着 Excel 表说，"我修改了雅琪的预算表。左边是今年 2 月到 6 月 5 个月的预算，这个和雅琪做的预算的不同之处在于：增加了 3000 元的家教收入。由于收入的增加，雅琪从下个月开始就可以在养老基金存钱了。为了保守一点，我在她的养老基金项下配置的钱要比刚刚计算的 2064.82 元多 10% 左右——2300 元。这样至少可以抵御未来收益率的小幅下跌。另外还有额外 700 元存入应急基金。这样只要 5 个月，雅琪的应急基金就可达到 2.4 万元。"

"右边是 7 月到 12 月的预算表，前五个月，为了尽快存够应急基金，雅琪没有旅游，用于衣服鞋帽的开始也压缩到 200 元 / 月。短期这么做可以，但长期不旅游、不买新衣服也未必可取。我从第六个月开始，在旅游项下列了 400 元，在衣服鞋帽项下列了 500 元。另外，我增加了 100 元的捐赠。由于只用 5 个月，雅琪就存够了应急基金，她从第 6 个月，即今年 7 月开始就可以不用存应急基金，而开始投资购房基金了。但按照目前的总收入和各项开支，雅琪每月只能存 4000 元到购房基金里。"

"老叔，我该怎么办呢？"

调整后的雅琪 2024 年 2 月到 12 月的预算表

雅琪月度预算，日期：2024 年 2~6 月			2024 年 7~12 月	
税后收入 / 支出	金额（元）	占总收入或总支出之比	金额（元）	占总收入或总支出之比
工资收入	15560	83.8%	15560	83.8%
兼职收入（辅导律师资格考试）	3000	16.2%	3000	16.2%
其他收入（房租）	0	0.0%	0	0.0%
税后收入合计	18560	100.0%	18560	100.0%
现金、储蓄 / 短期理财	500	2.7%	500	2.7%
个人养老金账户	1000	5.4%	1000	5.4%
应急基金	4800	25.9%	0	0.0%

续表

雅琪月度预算，日期：2024 年 2～6 月			2024 年 7～12 月	
保险（人寿、健康、财产等）	400	2.2%	400	2.2%
捐赠	300	1.6%	400	2.2%
养老基金	2300	12.4%	2300	12.4%
购房基金	0	0.0%	4000	21.6%
子女教育基金	0	0.0%	0	0.0%
赡养基金	0	0.0%	0	0.0%
"登火星"基金	0	0.0%	0	0.0%
其他	0	0.0%	0	0.0%
储蓄、投资、捐赠、保险合计	9300	50.1%	8600	46.3%
房贷	0	0.0%	0	0.0%
车贷	0	0.0%	0	0.0%
信用卡债	0	0.0%	0	0.0%
其他贷款或债务	0	0.0%	0	0.0%
每月还贷、还债合计	0	0.0%	0	0.0%
正常伙食费＋柴米油盐	2100	11.3%	2100	11.3%
房租	5000	26.9%	5000	26.9%
水、电、气、宽带、手机费用	160	0.9%	160	0.9%
医疗费（包括看牙医等）	200	1.1%	200	1.1%
自我提升（书、网课、讲座、健身等）	500	2.7%	500	2.7%
交通费/汽油费/车保险	200	1.1%	200	1.1%
子女教育费，补习、课外活动费用	0	0.0%	0	0.0%
衣服、鞋帽	200	1.1%	500	2.7%
旅游	0	0.0%	400	2.2%
外卖＋餐厅吃饭	300	1.6%	300	1.6%
钟点工、保姆	0	0.0%	0	0.0%
习惯性消费（烟酒、咖啡、奶茶等）	100	0.5%	100	0.5%
社交（聚餐、娱乐等）	300	1.6%	300	1.6%
其他（礼金、礼品等）	200	1.1%	200	1.1%

续表

雅琪月度预算，日期：2024 年 2~6 月			2024 年 7~12 月	
各种生活费用合计	9260	49.9%	9960	53.7%
总支出合计	18560	100.0%	18560	100.0%

"哈哈，不要急！我们不能用静态的眼光来看待这个问题，必须用动态的、发展的眼光来做预算。首先，你们不是有年终奖吗？你可以将年终奖都存入购房基金。其次，也是更重要的，未来 10 年，相信你自身的职业会有巨大发展，收入也会有显著提高。10 年期间，个人年收入翻几倍是很正常的事情。我们做些保守的假设：假设你今年的年终奖税后有 3 万元，每年税后工资增长 5%，你可以将工资增长部分的 50% 存入购房基金。另外，为了演示方便，我们假设每年年底我们才投资，下面是我做的购房基金的测算。

购房基金金额

年份	每月工资（元）	每月投资（元）	每年投资购房基金的月数	年终奖（元）	年度购房基金总投资额（元）	10 年后金额（元）
1	15560	4000	6	30000	54000	91232
2	16338	4389	12	31500	84168	134151
3	17155	4797	12	33075	90644	136296
4	18013	5226	12	34729	97445	138227
5	18913	5677	12	36465	104585	139958
6	19859	6149	12	38288	112082	141501
7	20852	6646	12	40203	119954	142867
8	21894	7167	12	42213	128220	144068
9	22989	7715	12	44324	136899	145113
10	24139	8289	12	46540	146012	146012
					10 年后金额总计 =	1359425

"我解释一下。第一年，就是今年，雅琪在 7 月到 12 月期间，每个月存 4000 元，年终奖为 3 万元。今年年终的时候购房账户里总计有 5.4

万元。这 54000 元按照 6% 的年化收益率投资 9 年，从今天算起，10 年后会变成 91232 元。第二年，也就是明年，雅琪的税后工资上涨 5% 至 16388 元，工资上涨部分的 50%，即 389 元，存于购房基金。在第二年，雅琪每个月存于购房基金的金额为 4389 元。投资 12 个月，加上年终奖 31500 元，总计 84168 元。这笔钱投资 8 年，会变成 134151 元。以此类推，10 年后，雅琪的购房基金账户里会有约 135.9 万元。超过了所需的 130 万元的目标！"

"太赞了！老叔，您真是天才！"

"哈哈，天才谈不上，我的工作就是这个，唯手熟尔！我需要强调的是：这个只是很简化的估算。未来的投资收益率可能会低于 6%，也可能会高于 6%。在实践中，你要问问自己，假如投资收益一年只有 4%，你的这个小目标是否还能实现？另外，单位的年终奖不会在 12 月 31 日发，而是到 1 月或 2 月发，这个对估算结果影响不大。影响大的是越来越多单位的年终奖会分几年兑现。还有，我假设的是年底才投资，实际上，我们会每个月都投资。从这个角度讲，我们低估了购房基金财富的积累。但做预算的时候，低估预期收益总比高估要好，对吧！"

日常开支预算

"我们对按月交纳的房租、宽带费、手机费、保险费这些支出可以估算得很准确，对柴米油盐这些日常生活开支可以估算得大体准确。但有些开支并不是每个月都发生的，而是有季节性或周期性的。举几个例子。

"第一，重大节日或重要日子的红包或礼金。

"第二，孩子的学费。很多学校的学费是按学期收取的。这就意味着每年的 2 月和 8 月家长要准备好孩子下学期的学费。而且，新学期开始前，家长往往要购买一些文具和书籍。不少家长还会帮孩子买些新衣服、鞋子。

"第三，度假。很多家庭，特别是有孩子的家庭，一年度假 1～2 次是很正常的。通常在寒暑假、国庆或春节长假，一个家庭会出去旅游数天或更长，这会带来一笔不小的费用。

"第四，电费、燃气费。在夏冬两季，一般家庭的电费、燃气费会高不少。

"第五，汽车保养和维修。定期保养和维修汽车能够延长汽车使用寿命，长期看会帮家庭省钱。

"对于这些开支我们也要提前做好预算。例如，我一般每年在 11 月冬季来临前做汽车常规保养。假设我为年度保养和小维修做的预算为 2400 元，平均到每个月份，预算为 200 元（意想不到的维修可以动用应急基金。一旦动用了应急基金，我们应尽快将这笔钱补上）。由于 2400 元是笔不小的开支，我在 11 月之前的每个月都会在预算表中列出 200 元作为保养费用。这部分费用虽然当月不会用到，但我也不会动用这 200 元钱。一个好的方法就是单独为汽车保养购买一个现金理财产品，每个月购买 200 元，到 11 月的时候正好积攒了 2400 元 + 利息。这么做的好处是，等到了 11 月，我就不会觉得这 2400 元是笔很大的开支，需要从当月的收入中支出了。

"对于旅游、春节礼金这些较大的费用支出，也应按照此法做好预算。最好针对每个大的开支单独购买一个现金理财产品，每个月拿到工资后就直接购买该产品。"

预算做不平怎么办

"我们刚开始做家庭预算的时候，常常会发现有'预算赤字'。这时候，我们可以做几件事情。

"首先，我们要仔细审查一下所做的预算表。重点看两个地方。第一个需要看的是那些预算占比高的项目，看是否有可能砍掉一些'肥肉'。比如，雅琪的预算中占比最高的前三项是房租、购房基金和正常伙食费。有没有可能进一步节省房租？第二个需要看的是那些非必要的经常性支出。我们在'审慎储蓄'那个部分聊过如何做审慎储蓄练习。例如，雅琪在点外卖和在餐厅吃饭项下列了300元，这部分的预算开支是否可以降低？有些家庭会请钟点工打扫卫生。为什么不能和孩子一起做点家务呢？这在培养孩子爱劳动的好习惯的同时，还能节省开支。

"其次，就是我们强调过的：开源。能否增加收入？

"最后，我们还可以看看家庭的净资产表，看是否有资产可以卖掉。我相信如果子安未来几天将车卖了，他今后做起家庭预算来一定会轻松很多。"

"肯定的！智富，"子安的太太慧娴笑着说，"那万一预算做下来，发现还有钱没处去怎么办？"

"很好的问题，慧娴。确实有时在预算做好的时候，我们发现还剩下一些钱没处去。钱少了比较难办，钱多了很好办。首先，看是否有尚未还的债务，如果有，先还债。其次，去储蓄，去投资，去买书，去上网课，或者，如果你愿意，去捐赠，去游玩。无论你选择做什么，要让这些钱列在某个项目下。预算必须做平。不能有'赤字'，也不能有'盈余'。

"现在比较晚了，大家也都累了吧！我们今天就到这儿吧！明天是元旦休假的最后一天，我们不如一鼓作气再聊聊有关养老投资、培养好的投资习惯和为身后事做好准备。大家觉得如何？"智富提议道。

"太好了！这三天的元旦假期过得太充实、太有价值了！"大家纷纷点头道。

"谢谢大家！我将投资放在最后讨论是因为**投资虽然对养老这个长期目标很重要，但是深入理解债务、保险、如何做好预算这些也很重要**。美国的行为金融学家本拉兹（Shlomo Benartzi）的研究显示，**为人们提供包括如何处理储蓄、债务和保险等在内的整体财务指导建议，而不仅仅**

是投资建议，价值是巨大的。对于接受了整体财务指导建议的人来说，这些建议每年提供的价值相当于他们个人养老账户财富的 7%！我们明天 10 点见！"

"这两天智富的分享价值何止千万！我们明天 10 点见！"申泰感激地向老同学点了点头说。

第四章

实现有钱养老的投资六原则

元月2日早10点，大家准时聚在智富家客厅。

"今天的话题比较多，也比较复杂，我们现在就开始吧！"大家一坐下，智富就开始聊了起来。

"**投资是门大学问，很多专业人士都做不好。**我是做财务管理和规划的，我本身不直接操作投资，也不制订具体的投资策略，但我坚信**如果我们掌握一些基本的投资原则，在长期获得不错的收益还是很有可能的。**

"**如果不考虑代际传承，我们为养老做的投资应该是我们一生中最长期的投资。**因此，我今天要探讨的主要围绕长期投资，而不是短期如何赚快钱。说句实话，我在银行工作了20多年，接触了那么多人。我就没碰到过通过短期赚快钱而成为真正富翁的。"

原则一：投资决策要与财务目标相匹配

"我个人认为投资的第一基本原则是：**投资什么以及打算承担多大风险应与我们最终想达成的目标相匹配** [1]。大家听说过马斯洛的需求层次理

---

1 该原则借鉴了阿什文·B.查布拉在《通往财富自由之路》一书中探讨的资产配置框架。

论吗？这个理论有助于我们理解这个基本原则"智富问道。

"我听说过。"慧娴说道，"我在心理学课上学过。这个理论是美国心理学家马斯洛提出的。该理论强调人的动机是由人的需求决定的。人的需求分成生理需求、安全需求、爱与归属的需求、尊重需求和自我实现需求五个层次。需求是由低到高逐级形成并得到满足的。"

"谢谢慧娴，"智富接过话说，"马斯洛后来拓展了需求层次。在尊重需求之上增加了认知需求和审美需求；在自我实现需求之上增加了超越需求。

"如果我们将投资风险定义为未能满足我们的财务需求，那我们可以参照马斯洛需求层次理论，为自己的财务目标进行分类。

"第一类为保障性财务目标：我们日常的衣食住行、人身和财产的安全这些必须有保障。这些财务目标的实现不能因股市或房市的波动，或一次车祸，或暂时失业而受到影响。我们需要生活有保障，活得有尊严。

"第二类为重要的中长期财务目标，包括未来能够实现养老独立或自由，从容应对子女教育、父母赡养、购房等。对于这些目标，我们要设置一个最低门槛。例如，为子女设立的教育基金在 18 年后不得低于 30 万元，个人的养老金资金在退休时不得低于 200 万元。为了实现这些目标，我们必须稳扎稳打，以求有很高的确信度实现既定的目标。

"我们当中还有很多人，并不满足于当前生活有保障，以及今后养老、子女教育和赡养父母等有保证。他们有'超越需求'，他们有更大的财富梦想，他们可能希望能够实现家庭财富向上的跨越；他们也可能希望像罗纳德·里德那样，能够捐赠一大笔钱给一所学校或医院；他们甚至可能希望拍摄一部电影。对于这些人，他们还有第三个目标，即**财富梦想目标**。

"**对于保障性财务目标，我们要投资安全性高、流动性强的资产，收益预期应参照无风险利率或最低风险等级的银行理财产品、货币基金收益。我们还要购买各种保险，对于保障性保险支出我们不应该有任何收**

益预期。

"对于养老等重要的中长期财务目标，我们要长期投资高度多元化组合，收益预期应参照股市、债市等资本市场的长期收益率。因为此类资本市场的长期收益率确信度较高。

"对于财富梦想目标，我们要长时间集中投资自己的无形资产以形成强大的竞争优势，或利用少量资金集中投资高风险资产。如果是投资高风险资产，收益预期应远高于资本市场长期收益率，但要有本金大幅甚至全部损失的心理准备。"

保障性财务目标——投资安全资产

"我们之前谈到的设置应急基金和人身与生活保障就是为了确保此目标的实现。我们不希望由于股市暴跌、一场自然灾难或车祸，家里就无米下锅，孩子的学费就成问题。因此，我们需要能够支撑 3～6 个月家庭开支的应急基金，我们需要购买人寿保险、健康保险、财产保险等各种保障。另外，短期内，如未来一年，房贷或房租、子女的教育经费、预期的医疗费用也必须有保障。

"为了达成保障性财务目标而进行的投资必须是超低风险、甚至是无风险的。对于此类资产，我们关注的是超高安全性和流动性，即本金要有保障，需要时能够立刻使用。有些投资，我们甚至都不考虑在正常情况下有回报，比如保险，我们买保险多数情况下是买个安心，知道在极端事件发生时，我们会有相应的保障。

"针对保障性财务目标，我们可以选择银行储蓄，以及投资低风险的银行理财产品、支付宝的余额宝、微信的零钱通、货币基金等。

"在我国，一般根据投资风险将产品划分为五个等级：R1（谨慎型）、R2（稳健型）、R3（平衡型）、R4（进取型）和 R5（激进型）。

"很多银行提供风险很低、通常是 R1、可以快速到账或下个交易日到账的'活钱管理'理财产品。比如，我投资的一款银行活期理财，1

万元内快速到账，超过 1 万元的 T+1 日到账。T 指的是交易日，即除节假日外的周一至周五。

　　"我们也可以通过银行、证券公司或一些基金平台购买风险等级为 R1 的货币基金。对于 R1 理财产品或货币基金，出现本金亏损的概率极低。这些产品一般会投短期国债、大额可转让定期存单、商业本票、银行承兑汇票等。**这些产品提供的收益率要比银行的活期利率高不少，同时具有高流动性、高安全性，是目前在中国管理保障性资产的首选。**

　　"如果想提高收益，我们可以考虑滚动投资持有期限较长的'稳健低波'的理财产品，如各大银行推出的封闭期为一个月、一个季度或半年的各种'宝'类理财产品。以 6 个月的应急基金为例，我们每个月可以将满足一个月家庭基本开销的资金投资在封闭期为半年的产品上，连续投资 6 个月。这样未来每个月都会有一期产品可以赎回以满足应急之需。通常这些'宝'如果不赎回都可以自动进入下一个封闭期。通过这种方式，我们就不需要担忧再投资的问题了，而且未来任何一个月如果有资金需求，我们都能应付。如果想更灵活一些，我们可以每周投一笔资金在封闭期为 3 个月的产品上，连续投 13 周。这样如果有需要，我们每周都可以赎回一期产品。

　　"滚动投资的缺点是，如果我们急需大量资金，该办法无法充分满足需求。因此，我们还是需要有小部分资金放在可以快速到账或次日到账的'活钱管理'或货币基金账户中。"

重要的中长期财务目标——投资多元化组合

　　智富接着说："当我们的日常生活有了保障，也不会因突发事件而焦虑时，我们的重心就应该放在实现重要的中长期财务目标上了。最主要的中长期财务目标应是养老独立或自由，其他目标还包括子女教育、赡养老人等。

　　"'活钱管理'的理财或货币基金产品虽然安全性高、流动性强，但长期投资收益并不高。如果我国的社保基金只投资这些安全性高的资产，其历史平均收益率根本无法达到 8% 左右的水平。高风险的集中、加杠杆的投资方式孕育着巨大风险，稍有不慎会带来巨大损失，因此也不适合用来实现重要的中长期财务目标。我们谁都不想因投资失败而无钱养老，或无法供子女读书吧？

"幸运的是，资本市场为个人投资者提供了在参与推动社会进步、承担市场风险的同时，以较小的费用，获得不错的中长期投资收益的渠道——投资包括股票、债券、商品、房地产在内的高度分散的投资组合。

"对于高度分散的投资组合，一般来说，投资者如果想要获得更高的投资收益，需承担更高的风险。对于中长期投资，年化投资收益率哪怕只相差 1%，多年后的财富差异也将是巨大的。"

王大和王二的故事（三）：不同风险 / 收益率的投资

"我还是用大家熟悉的双胞胎王大和王二来说明这点。两兄弟现年 25 岁，均打算未来 40 年每个月都定额投资直至 65 岁退休。王大属于谨慎型投资者，只投资风险低的银行理财产品和货币基金，平均年化收益率为 3%。王二属于进取型投资者，打算大部分资金投资股市，小部分资金投资债券，平均年化收益率为 7%。两人均希望退休时有 100 万元资产，大家猜猜两人每个月需投资多少钱？"

"您之前提过'拿铁因素'：每天省 30 元的咖啡钱，如果收益率为 8%，投资 30 年后可以积累 100 多万元财富。"子安回答道，"我猜想王二每个月需投资 800 元左右，王大可能需要 2000 元。"

"哈哈，谢谢子安，我很开心你还记得'拿铁因素'，猜得还不算太离谱。"智富笑着说，"事实上，进取型的王二每个月需投资 381 元，谨慎型的王大每个月需投资 1080 元。如果王大和王二投资金额一样，每个月都投资 381 元在安全性高但回报率只有 3% 的资产上，40 年后王大养老账户里只有 35.28 万元。"

"啊！和 100 万元的目标相差 65 万元左右！"雅琪吐了吐舌头说。

"是的，**对于中长期投资，如果我们完全投资谨慎型产品其实并非'谨慎'的做法，因为这么做我们要么增加当前投资额，要么要接受未来少很多的财富。**

"**对于像养老投资这样的对未来资金积累有较为明确预期的中长期投资，金融市场提供了很好的投资工具。**"

大类资产的中长期投资回报

"美国的金融市场有较长时间的历史数据，我们先来看看包括股票、债券、房地产在内的大类资产的中长期投资回报。下表来自纽约大学阿斯瓦思·达莫达兰（Aswath Damodaran）教授的网站，统计了几大类资产在 1928—2022 年的历史平均收益率。申博士，你能否解释一下算术平均和几何平均的区别？"

	标普 500 指数	美国 3 个月短期国债	美国长期国债	Baa 评级的美国公司债券	美国房地产	黄金
时间	算术历史平均收益率					
1928—2022 年	11.51%	3.32%	4.87%	6.96%	4.42%	6.48%
1973—2022 年	11.73%	4.40%	6.59%	8.77%	5.54%	9.56%
2013—2022 年	13.59%	0.78%	0.51%	3.81%	7.68%	2.03%
	几何历史平均收益率					
1928—2022 年	9.64%	3.28%	4.57%	6.68%	4.23%	4.83%
1973—2022 年	10.24%	4.34%	6.12%	8.43%	5.38%	6.91%
2013—2022 年	12.44%	0.78%	0.12%	3.45%	7.59%	0.96%

"好的，智富。算术平均就是简单平均数：将每期的数字相加，得到的总和除以总的期限就是算术平均。几何平均则是将各期收益率加一后相乘，然后开 n 次方 (n 为总期数) 后减去一。几何平均数体现了复利的概念。

"举个简单但很能说明问题的例子，假设张三投资了 100 元，第一年投资收益为 -50%，即亏损 50%，一年后账户资金剩下 50 元；第二年投资收益为 100%，第二年结束时，张三账户又变成 100 元。雅琪，请问张三投资两年的平均收益率为多少？"

"我？"雅琪吃惊地问道，"申博士，我数学很差啊！"

"不要紧，你试试！这个应该很简单的。"

"好的，如果是算术平均，那就是两期的收益率相加除以 2，也就是 $(-50\%+100\%) \div 2 = 25\%$。如果是几何平均，按照您刚刚说的公式就应是 $[(1-50\%) \times (1+100\%)]^\wedge(0.5)-1$。也就是 0.5×2 的平方根减去 1，应该等于 0。"

"对了，这个极端例子显示了同一个投资，算术平均收益率和几何平均收益率可以相差很大。其实，张三投资了两年并没有赚一分钱，100 元还是 100 元，但算术平均却显示年均收益率高达 25%，这个结论很可笑！而几何平均收益率等于 0 反映了张三的真实投资收益率。"

"谢谢申博士和雅琪，确实，算术平均收益率会导致长期收益率显得高。**对于长期投资，我们一般采用几何平均收益率来衡量收益水平。**"智富接过话说，"回到大类资产的长期历史回报，我们看到，美国大盘股，即标普 500 指数的历史平均收益率，无论是看过去 10 年，还是 50 年，还是近 1 个世纪，都是最高的。而无风险的美国短期国债和长期国债则回报较低。房地产和黄金的平均历史回报要高于国债但低于股票。Baa[1] 评级的美国公司债券的平均收益率要好于黄金。"

"智富，您这张表上列的资产大多是美国的，绝大多数中国人又投资不了。您能说说中国大类资产的历史投资回报吗？"子安问道。

"很好的问题，子安。"智富笑着回答道，"首先，中国人是可以投资国际金融市场的。已经有不少基金公司（所谓的 QDII[2]）提供标普 500 和

---

1 信用评级反映了评级机构对债务人整体信用度或者债务人发行的某个特定债券的信用度的看法。信用评级体系由两部分组成。第一部分是我们所熟悉的 A、B、C 等字母的形式来表示的信用等级；第二部分则是评级公司提供的评论。信用等级又可以分为投资级和投机级两大类。以穆迪 (Moody's) 评级体系为例，Aaa、Aa、A 和 Baa 属于投资级的债券，而 Baa 等级以下的属于投机级的债券。

2 QDII，即合格境内机构投资者，是指在人民币资产项目不可兑换的条件下，经有关部门批准，有控制地允许境内机构投资境外资本市场的股票、债券等有价证券的一项制度安排。

纳斯达克综合指数基金等产品。国内的投资者可以通过 QDII 的产品直接
参与全球金融市场的投资。

"其次，中国的金融市场虽然历史不长，但历史平均收益率还是不错
的。下表中列出了中国股市大盘、短期 / 长期国债、公司债和房地产的
中长期收益[1]。

时间	沪深 300 指数	中证短期国债指数	中证长期国债指数	中证公司债指数	70 个大中城市新建商品住宅价格指数
	算术历史平均收益率				
2005—2022 年	21.27%	—	—	—	—
2008—2022 年	6.80%	3.61%	4.51%	5.66%	—
2013—2022 年	9.48%	3.45%	3.98%	4.85%	4.25%
	几何历史平均收益率				
2005—2022 年	9.65%	—	—	—	—
2008—2022 年	-0.28%	3.57%	4.36%	5.61%	—
2013—2022 年	6.65%	3.42%	3.88%	4.82%	4.13%

"在 2013—2022 年这 10 年期间，代表中国股市大盘的沪深 300 指
数、中证短期国债指数、中证长期国债指数、中证公司债指数和 70 个
大中城市新建商品住宅价格指数的几何历史平均收益率分别为 6.65%、
3.42%、3.88%、4.82% 和 4.13%。虽然在此期间，中国股市的收益率不
及美国股市的，但中国短期国债和长期国债的收益率要高于美国的同类
资产。

"如果拉长时间，在 2008—2022 年，三类债券指数的几何历史平均
收益率要比 2013—2022 年这 10 年间高，但股市几何历史平均收益率却变
成负的 0.28%！关键原因是在 2008 年，沪深 300 指数大跌了 65.6%。但
如果我们再拉长时间，包括 2005—2007 年这三年，在 2005—2022 年这
18 年期间，沪深 300 指数的几何历史平均收益率则变成 9.65%。这是因

---

1 数据来源：万得资讯，中金公司研究部。

为在 2006 年、2007 年这两年股市暴涨，年化收益率分别达到 125.2% 和 163.3%！"

　　"智富，你这张表太说明问题了！我画一下重点啊！"申泰说，"第一，还是刚才说的：衡量长期投资的好坏要看几何历史平均收益率，而不应该看算术历史平均收益率。第二，坚持长期投资很重要。如果很不幸运碰到类似 2008 年的大股灾，并因此放弃投资股市了，其实并非明智的决策。第三，坚持多元化投资。虽然长期来看，股票投资的收益率要高于债券，但是风险也显著要高。只有坚持高度多元化，才能在某一资产暴跌时存活下来。"

实现中长期财务目标的投资选择

　　"谢谢申博士，总结得很到位！"智富说道："对于像几十年后的养老，10 多年后的子女教育，一二十年后的父母赡养这些中长期、超长期财务目标的实现，**我们可以遵循现代投资组合理论，长期持续投资多元化组合，将资金配置在国内外股票、债券、房地产和商品等大类资产上。我们要关注基金税费后的长期业绩表现，结合自己和家庭的风险偏好、其他资产和收入，选择多个能充分有效实现分散化的投资组合——无论是被动型的指数基金还是主动型的基金——进行长期投资。**

　　"**如果想进一步分散风险，有能力的投资者还可以投资交易费用和成本都相对较高的、投资分散的私募投资基金，包括私募股权基金和私募证券投资基金产品**[1]。

　　"还有一点需要强调的是，我们越接近目标日期，我们投资的整体风险就要越低，这样才能确保到期时有足够的资金。例如，子安家的老大 18 年后才上大学，但子安从现在开始就每个月存钱在教育基金里。该基金开始时可以配置资金在以股票为主导的较高风险的投资组合中，但当

---

1 有关私募投资基金的类型和定义可以参阅中国证券投资基金业协会的《有关私募投资基金"基金类型"和"产品类型"的说明》。

老大逐渐长大到八九岁时，子安应渐渐卖出高风险的投资组合，将资金投资在低风险的资产上（如储蓄、货币基金等）。当老大上高三时，基金中的所有资金应放在安全性高的资产上。这样才能确保第二年上大学时有足够的资金。

"现在市场上有一种基金叫作'**目标日期基金**'。此类基金根据实现设定的'目标日期'来调整仓位。如'养老 2040'基金，就是为在 2040 年左右要退休的人设计的。随着时间离 2040 年越来越近，该基金的投资组合会趋向保守（股票仓位会越来越低），使得组合风险和投资者在不同年龄段的风险承受能力相匹配。由于子安家的老大应该在 2040 年左右上大学，子安也可以买此类基金作为孩子的教育基金。关于具体的养老投资工具，我后面再聊。"

财富梦想目标——集中投资

"有些人并不满足于生活有保障、养老自由，他们想实现更大的财富梦想。**对于财富梦想目标，经典的组合投资理论不再适用，必须集中投资＋运气加持。**在具体讨论这个目标前，我想强调两点。

"首先，即使没有财富梦想目标或未能实现此目标，只要我们的保障性财务目标和重要的中长期财务目标实现了，我们一辈子也能过得很好。别忘了我们曾经说过的：'**一个人是否富有更多地取决于自己的感受。而这种感受又取决于现在所拥有的和所想要的之间的差距。**'

"其次，有了此目标并为之付出了努力，做出了牺牲，该目标也很可能不会实现。想想，如果能轻易实现'财富梦想'，我们岂不是只要做梦就能变得更富有啦？要做好投资会大亏、时间可能白费的心理准备。"

集中投资无形资产

智富接着说："对于一些人来说，**长期集中投资自身的无形资产，特别是知识和技能，以形成高度专业化、很难替代的竞争优势，是实现财**

富梦想的一条途径。例如，通过努力学习和不断实践，个人可以成为顶尖的基金经理、投资银行家、影视明星、著名医生、大律师等。**但走这条路要想成功，需要天赋、努力和运气。**有些人努力了一辈子也成不了顶尖的基金经理、著名医生或大律师。"

少量资产集中投资高风险资产

"**另一条实现财富梦想的途径是利用少部分资金，如不超过5%～10%的资金投资高风险但潜在收益也高的产品**，如某些允许合法买卖的虚拟货币。

"但我有三点忠告。

"**第一，必须先保证在保障性财务目标和中长期财务目标上的投资，先保证还清高利率债务（如信用卡债），如果之后还有多余的资金，才能考虑投资高风险资产**，如投资初创企业，或经营不善但可能会重组的公司的股票。投资此类资产有可能血本无归，初创企业可能失败，如子安的健身房；重组可能不会发生，也可能发生了但以失败告终。如果连保障性财务目标和中长期财务目标的投资都还没有保证就投资极高风险资产，那就是舍本求末，不是投资，而是赌博。

"**第二，用于此类资产的投资不要超过个人资金的10%，更不能借钱投资。这样即使这笔资金全部亏了，也不至于根本动摇个人的财富根基。而且随着年龄的增长，用于此目标的投资额要降低。**

"**第三，再次重申：不是人人都需要有这样的财富梦想目标的。**很多人没有这样的目标，也能活得很幸福，也能财富自由。你们还记得我们在讨论家庭收支表的时候，有一项被我称作'登火星基金'吗？"

"记得，老叔，"雅琪回答道，"您当时说我们可以用很少量的资金来投资或投机那些高风险高收益的产品。如果成功了，我们就能获得数倍甚至几十倍的回报；如果失败了，我们可能血本无归。"

"对的，这个'登火星基金'就是为了少数人实现财富梦想目标而设置的。当时申泰就说自己不太愿意投机，'登火星基金'就不投了。申泰，我记得没错吧？"

"对的，老同学，"申泰说道，"我确实不喜欢投机，也没有很大的财富梦想。但我不反对有人这么做。事实上，一些专家也建议人们用有限的资金投机。

"美国著名财经主持人、前高盛交易员吉姆·克莱默（Jim Cramer）坚信任何人都应该拿出部分资金来投机——用有限的资金进行有计划的下注，如果赌对，能获得巨额收益。他宣称自己一生最大的收益都来自纯粹的投机。他认为，投机不仅有益财务健康，而且对实现真正的投资多元化至关重要。你越是年轻，投机对你越重要。因为即使你被淘汰出局，你也有几乎整个工作生涯来扳回失地。随着年龄的增长，你用于投机的资金应逐渐降低[1]。

"谢谢申博士，"智富接过话来说，"虚拟货币最近几年一直是个热门话题。投资虚拟货币的风险很高。在2022年，所有虚拟货币的总价值暴跌了1万亿美元。很多人将交易虚拟货币看成实现财富自由的捷径。《华尔街日报》报道了一个叫奥特霍特（Oathout）的美国人，他通过短线交易虚拟货币，将约2万美元的初始投资变成了约50万美元。但他没有获利走人，而是选择持有。在2022年，这些资产大幅缩水，他又将所有的收益吐了回去。

"其实，很多小盘股和刚刚上市不久的公司风险也很高。2023年年初有则新闻，美国首个获批的新冠自测试剂盒制造商Lucira Health申请破产了。该公司于2021年2月上市，股价最高时接近每股38美元，市值超过15亿美元。但破产消息一出，股价只剩每股0.14美元[2]，较高峰时期跌去99.6%！有些投资者很喜欢炒'题材'。医疗相关股票在新冠肺炎疫

1 Cramer, James J. Jim Cramer's Real Money: Sane Investing in an Insane World. Simon and Schuster, 2005.
2 2023年2月22日收盘价。

情期间是个很好的题材。如果某投资者是 2021 年年初该股票上市不久就买入，而没有考虑到该公司业务单一，未来业务可能会大幅下滑，该投资者很可能会遭受重大亏损。"

"谢谢智富，"子安说道，"我三年前决定创业开健身房，一方面确实想实现财富梦想目标，但另一方面也是想实现自我的人生价值。不创业不知道，创了业才知道风险这么大。"

"很多风险是我们无法预计或控制的。"智富接着说，"我们能做的是：注重投资自己的无形资产，让自己变得更强大；意识到自己可能会有的行为偏差；在做规划、做预测时，给自己多留点余地；弄清投资中的各种游戏规则；弄清各种投资工具的风险与收益，并学会再平衡自己的资产配置与投资组合。"

原则二：资产配置是王

"我们之前讨论过投资风险要与投资的目标相匹配。对于保障性财务目标、重要的中长期财务目标和财富梦想目标，我们应分别投资安全资产、多元化组合和无形和有形的集中性资产。

"为养老做准备的投资应该是我们个人一生中最长期的投资了。我们怎么选择多元化投资组合呢？怎么做才算多元化或高度分散呢？

"对于投资者，无论是个人还是机构，我们最终的投资收益来自三部分：资产配置 (asset allocation)、择时 (market timing) 和选券 (security selection)。其中，资产配置决策是决定投资成败的关键。"

资产配置、择时与选券

"资产配置是一项长期决策，是指你的投资组合中包括哪些大类资产，以及你持有这些资产的比例。这些资产大类包括：国内股票、国内债券、国际股票、国际债券、商品、实物资产组合（如房地产、古董、字画、土地等）、私募股权（包括风险投资和杠杆收购基金）等。

"**择时是指对市场走势的短期押注。**择时其实是基于预期和判断来管理长期资产配置的短期偏离。**主动的择时**是基于对资产相对价格变动的判断而进行的短线交易。例如，假设我的资产配置决定是投资 30% 的资产在国内股票上，如果我预期未来 6 个月中国股市会大涨，我可能会'择时'增加在国内股票上的投资至 40%。等股市涨幅达到预期后，我会再次择时调整资产配置，使国内股票占比重新回到长期资产配置的 30% 的比例。**被动的择时**是因为资产价格的波动导致现有的配置偏离了长期配置目标。例如，假设股市在过去半年暴跌，结果导致股票投资占比从 30% 降到 25%，这样的偏离就是被动的。

"**选券是指在每个资产类别下，选择并管理个券。**例如，我要投资 30% 的资产在国内股票上，究竟如何投资和管理这 30% 的资产呢？是被动地投资沪深 300 指数基金，接受市场回报呢？还是主动选股，争取获得超额收益呢？这个决定就属于选券的决定。"

"投资界的传奇，耶鲁大学捐赠基金前首席投资官大卫·史文森（David Swensen）曾在他《投资机构的创新之路》《非凡的成功：个人投资的制胜之道》这两本书中分别从机构投资者和个人投资者的角度深入分析了资产配置、择时和选券。"申泰接过话说，"史文森认为**超过 100% 的投资收益是由资产配置决定的**。这怎么可能呢？因为那些伴随着择时和选券而来的费用、税收和损失会拖累你的收益。

"资产配置不是简单的多元化，我们不能投资一个多元化的股票基金就高枕无忧了。资产配置意味着我们需要根据自己的财务目标或需求、风险承受能力和所处的生活阶段，按照事先设定的比例投资于不同的大类资产。它意味着我们不但要在同一资产类别内多元化，还要在不同资产类别之间多元化。"

一般投资者的资产配置

"谢谢申博士的分享,"智富说,"史文森确实是投资界的传奇。对于一般的个人投资者,我们完全可以借鉴史文森在《非凡的成功:个人投资的制胜之道》中给出的资产配置的'配方'。史文森认为**长期投资者的资产配置须遵从三条基本投资准则:以股票为主导、坚持多元化、对税负敏感**。

"以股票为主导指导投资者将大部分资金投资在高收益预期的资产类别上,并能在长期内抵御通货膨胀。

"**坚持多元化要求每种资产类别的配置要能够影响整个投资组合,即每种资产类别至少要占到总资产的 5%~10%。多元化还要求任何一种资产类别都不能在投资组合中占据支配地位,即每种资产类别在总资产中的比重不能高于 30%。**更广义的多元化不单单包括资产类别上的多元化,还包括投资区域的多元化(本国、亚洲其他国家、北美洲、欧洲等),币种的多元化(本币、外币)和时点的多元化(短、中、长期投资)。多元化的根本目的是降低投资组合的波动性,提高投资的确定性——帮助我们以高概率实现重要的中长期财务目标。

"对税负敏感意味着应纳税的个人必须考虑各种资产配置、证券选择和投资账户的选择对税负产生的不同影响。

"在中国推出个人养老金制度之前,我们个人投资的资金都来自税后收入,但国家对个人在股市的投资收益和存款利息所得暂免征收个人所得税。现在,我们可以通过个人养老金账户进行投资了,且投资金额(目前每年不超过 1.2 万元)可以抵税,但退休时从该账户提取资金的时候需交纳 3% 的税。**没人知道各种不同形式的投资收入在未来的税负情况是怎样的:包括目前'暂免'的普通账户的投资收益税和养老金账户提取时要交纳的 3% 的税。**

"史文森认为对于美国个人投资者,投资组合需要由六大类核心资产构成:美国国内股票、其他发达市场股票、新兴市场股票、房地产、美国长期国债和美国通货膨胀保值国债。

　　"美国股市的运作在过去两个世纪基本没有中断过，并伴随着美国经济的不断发展而提供较高的长期收益。其他发达国家的股市收益率和美国的差不太多，且与美国股市走势并不同步。因此，投资其他发达国家股票能在不降低收益预期的同时，有效降低投资组合风险。新兴市场提供了高风险、高收益预期的投资机会。房地产既有股票又有债券（可以提供房租收入）的属性，能在发生通货膨胀时实现保值（房子升值，租金上涨）。美国长期国债能在发生金融危机和经济衰退时实现保值，美国通货膨胀保值国债则能保证在发生通货膨胀时资产不会贬值。这两种国债在投资组合中起到了稳定器的作用。

　　"史文森给美国个人投资者的一个资产配置方案为：

资产类别	配置比例
美国股票	30%
其他发达市场股票	15%
新兴市场股票	5%
房地产	20%
美国长期国债	15%
美国通胀保值国债	15%

　　"史文森的配置方案注重资产的长期增长性，因此在股票上配置了50%的资产，在具有股性的房地产上配置了额外的20%，但该方案未必适合风险偏好较低的长期投资者。全球最大对冲基金桥水的创始人、畅销书《原则》的作者雷·达里奥给出的较为保守的资产配置方案为[1]：

资产类别	配置比例
美国股票	30%
商品	7.5%

---

1 该方案出自托尼·罗宾斯的《钱：7步创造终身收入》一书。

续表

资产类别	配置比例
黄金	7.5%
美国长期国债 (20～25 年)	40%
美国中期国债 (7～10 年)	15%

"该配置方案在股票上只配置了 30%，但在高安全性的美国国债上配置了 55% 的资产。"

"智富，这两个方案都是针对美国投资者的，我们中国投资者应该如何配置呢？"慧娴问道。

"哈哈，来了，"智富笑着说，"我们每个人的偏好、家庭情况、拥有的其他资产（特别是无形资产），都是影响资产配置的重要因素。在不了解具体情况的前提下，对于一般投资者，我会推荐下面的资产配置。你们可以将这个方案当作基础方案，在此基础上，根据自己情况和偏好进行调整。

资产类别	配置比例	参考投资工具
中国股票	30%	沪深 300 指数增强型基金
美国股票 (QDII)	20%	标普 500 指数（QDII）
其他国家股票 (QDII)	5%	全球配置基金（QDII）
房地产	10%	直接持有或投资房地产投资信托基金
黄金	5%	黄金 ETF
中国长期国债	20%	通过个人股票账户购买
中国中期国债 / 政金债	10%	中长期国债 / 政金债基金

"在这个方案中，65% 的资金投入到了国内股市、美股、其他国家股市和房地产等收益预期高的资产上。美国股票市场是全球第一大市场，占全球所有股票市值的 40% 以上，而且美国股市提供相当不错的长期收益。因此，我会建议美股必须在任何一个多元化组合中占据一席之地。30% 的资金投入到了无风险的国债或政金债上，可以抵御金融危机和经

济衰退。黄金虽然波动性很大，但可以抵御高通货膨胀。股票在长期内可以抵御通货膨胀。房地产也能在某种程度上抵御通货膨胀。

"这个资产配置方案满足了以股票为导向、资产大类多元化以及实际功能上的多元化等要求。至于具体投资什么，我也提供了一些供参考的投资工具：我们可以通过沪深 300 指数增强型基金或纯被动的指数基金投资中国股市。后面我会提到，在中国，目前指数增强型基金可以产生超额收益，但需要深入分析和挑选。

"绝大多数中国人无法直接投资国外证券市场，我们可以通过标普 500 指数（QDII）来投资美国股市，通过全球配置基金（QDII）投资全球股市[1]。对于房地产，我们可以直接持有房地产或通过'房地产投资信托基金'来投资；对于黄金，可以直接购买黄金 ETF；对于长期国债，可以通过个人股票账户购买；对于中长期国债 / 政金债基金，我们可以买相应的债券基金。"

影响资产配置的因素

智富继续说："刚才提到个人偏好、家庭情况和拥有的其他资产等都是影响资产配置的重要因素。如果个人对国际股市缺乏理解和信心，可以降低在其他国家股票上的投资。如果个人已经拥有多处房产，那就没有必要再配置房产；而且因为房产有抵御通货膨胀功能，可以考虑少投资或不投资黄金；如果个人拥有某公司价值不菲的股权，可以考虑降低在股票上的配置；如果个人的工作很稳定，可以考虑投资更多的钱在高风险的股票上。关于这点，我们后面再讨论。

"另外，投资期限也是一个关键因素。子安和慧娴的孩子 18 年后才会上大学。因此，前几年可以按照资产配置方案进行投资，不需要做任何的变动。但是，当孩子越来越大，离上大学越来越近时，我们需要做

---

1 南方基金的'全球精选配置'（QDII）基金的业绩比较基准为：60% × MSCI 世界指数 + 40% × MSCI 新兴市场指数。

出一定的调整。

"史文森提供了一个非常实用的根据投资期限进行调整的方法：**保持大类风险资产配置比例不变，每离预期期限近一年，我们就同比例卖出一些高风险资产，将卖出后获得的资金用于购买低风险资产，如储蓄产品、活期理财、货币基金或短债基金。当距离花费资金只剩下一两年时间时，整个投资组合就应全部由低风险资产构成。**一个简单的做法就是当投资期限在10年以上时，所有资金都按设定的比例投资在各类风险资产（各类股票、债券、房地产、黄金）上。在第10年的时候，等比例卖出10%的风险资产，投资低风险资产（如10年期国债或10年储蓄产品）；在第9年的时候，等比例卖出风险资产的1/9，投资低风险资产……最后，离期限还有一年时，所有资金应都在低风险、1年后能够全部赎回的资产账户中。"

资产再平衡

智富接着说："和资产配置很相关的一个概念是'资产再平衡'。各种市场力量会使得资产价格发生变动，投资组合中的各类资产价值的相对比例也会因此而改变。**再平衡指的是我们采取行动让当前的资产配置比例和设定的目标配置一致。一般来说，我们需要每年至少做一次再平衡，但建议每个季度做一次。**

"例如，假设我在未来5年中的理想资产配置是股票、债券、房地产、提供绝对收益的私募基金各占25%。经过一轮股票的牛市后，股票占我整体投资组合的比例变为35%了。这时，我就需要采取一个重要的措施——**资产再平衡。在某类资产大幅升值，且其权重显著超过了目标值时，我们需要卖掉部分此类资产，买入那些价值相对低估的资产，让整体的资产配置重新回到我们设定的合理水平。**

"我们等会儿会讨论个人投资者的一些投资行为偏差和常犯的错误。其中一个就是大家都耳熟能详的'追涨杀跌'倾向，即在高点买入，在低点卖出。但资产再平衡则正好相反：在牛熊周期中，我们遵从设定的资产配置方案，将资产在高点卖出，在低点买入。

"在一般市场情况下进行再平衡相对容易。但在市场大幅波动的情况下，如大牛市或大熊市期间，再平衡是需要相当的定力和勇气的。再平衡要求我们在牛市中卖出众人热捧的资产，在熊市中增持受人冷落的资产。我们的这种操作会和很多'专家'、'业内人士'、媒体报道和朋友的推荐相反。

"另外，**设定的资产配置方案应在相当长的时间内保持稳定。但是，随着时间的推移，我们的风险偏好，财富、职业、家庭构成等都可能会发生很大变化，之前设定的资产配置方案可能需要调整**。例如，某人继承了父母两套房产，就应减少在房地产上的配置。或像申泰这样，改变了职业，从一个非常稳定的行业转到很不稳定的行业工作，这时，申泰可能就需要重新审查一下家庭的资产配置方案：是不是要减少在高风险资产上的投资？再如，子安和慧娴很快会有第一个孩子，可能在两三年内还会有老二。孩子的出现会改变个人的风险偏好。

"**有时资产配置计划的调整是因为原先制订的计划不合理**。有时我们需要经历一个大熊市才意识到自己的风险容忍度究竟有多大。可能之前我们认为配置 70% 的资金在股市上是和自己的风险偏好一致的，但经历了股市暴跌后，我们才意识到可能 50% 的资金投资股市才是让自己晚上睡得着的合理配置。

"总之，**我们应按照设定的资产配置方案每个季度或至少每年做一次再平衡，除非有充分理由，否则我们不应轻易改变此方案**。"

原则三：投资自己最重要

智富继续发言："我们这几天谈的主要是如何让自己有钱养老，储蓄、投资也主要是围绕房产和金融资本来讲的。但实际上，个人拥有的资本远远不只有金钱和实物。我甚至可以说其他类别的个人资本可能要远比金钱和实物资产更重要。意识到这一点，对于我们更好地应对长寿人生中的种种挑战尤为重要。"

经济、文化、社会和魅力资本

"你们知道个人资本有几个类别吗？"

"我知道！"慧娴抢着回答道，"我是做人力资源的，除了金钱和实物这些有形的资本，应该还有人力资本：我们的知识和技能！"

"很好，谢谢慧娴！其实还可以分得再细一些。1985 年，法国社会学家和哲学家皮埃尔·布迪厄 (Pierre Bourdieu) 首次提出了经济资本 (economic capital)、文化资本 (cultural capital) 和社会资本 (social capital) 三类个人资本的概念，并详细讨论了三者之间的区别和关系。

"根据布迪厄的说法，**经济资本是人们用来产生金钱和财产等财务收益的资源和资产的总和。文化资本包括慧娴刚刚所说的人力资本，包括个人受教育程度、获得的培训和证书、拥有的技能和工作经验等。但布迪厄的文化资本概念比一般所说的人力资本更广泛，包括个人的文化素养和品位，如对艺术、文学和音乐的了解和理解等。社会资本是个人通过加入一个关系网络、群体、团队或俱乐部而获得的实际和潜在的资源。**"

"还有一类资本，"申泰接过话，"我看过英国社会学家凯瑟琳·哈金 (Catherine Hakim) 写的一本很有意思的书叫《魅力资本》。她认为除了经济、文化和社会资本外，还有一类常常被人忽视但又实实在在存在的资本——**魅力资本。该资本指的是个人的美丽、性感、活力、衣着打扮、自我表现能力和社交技巧的复杂但至关重要的组合——这是一种身体和社交吸引力相结合而产生的独特资本，它使得一些人成为令人愉快的伙伴和同事，对社会所有成员都有吸引力，尤其是对异性。**

"稀缺性是所有形式资本的根源。所有形式的资本都可以在不同程度上相互转换。我们花钱可以学钢琴、拿证书，可以加入高尔夫俱乐部，可以整容、健身、请形象设计师；我们的学历和证书可以帮我们找到更好的工作，有更高的收入；我们的才艺可以让我们在聚会中受到关注；我们在俱乐部的伙伴可以介绍给我们他人无法获得的商业机会；我们的外貌和谈吐可以帮我们赢得更多的机会。

"但这些资本之间又不能完全转换或替代。有些人很有钱但很无趣；有些人很漂亮但没钱打扮自己；有些人虽加入了一些社团却没有财力抓住一些商业机会。"

有形和无形资产

"很好的补充！"智富说道，"这四类资本可以归结为我们之前提到的有形资产和无形资产：经济资本为有形资产，文化、社会和魅力资本为无形资产。

"有形资产和无形资产的概念最初应用在企业的财务管理中。有形资产指具有实物形态的资产，如货币、建筑、房地产、库存、艺术品收藏、工业金属等。无形资产是指缺乏实物形态的资产，如专利、版权、商誉、数据和软件等。"

"我插句话啊！"申泰说道，"你们知道吗，在很多大型公司，无形资产占总资产的比例要远远高于有形资产。在美国最大的 500 家上市公司，即我们通常所说的标普 500 指数公司中，无形资产占总资产的比例从 1975 年的 17% 上涨到 2020 年的 90% 左右。在过去几十年，随着企业越来越依赖科技和创新，与发明、品牌、客户数据和软件相关的知识产权等无形资产的价值在不断增长。"

"谢谢申博士，不愧为数据专家。"智富接着说，"没想到美国大型企业中的无形资产占比这么高！**如果说企业的无形资产是数据时代企业创新和成功的关键，那我们个人的无形资产就应是长寿时代个人幸福和高**

效生活的关键。在长寿时代，我们更需要温暖和睦的家庭、亲密的友谊、健康的身心、不断更新的知识和技能，这些都是我们的无形资产。"

长寿人生中的无形资产

"琳达·格拉顿和安德鲁·斯科特在《百岁人生》中，从不同的视角出发将个人的无形资产做了新的分类。他们从对长寿人生有意义的角度，将无形资产分为了三类。第一类是**生产性资产**。生产性资产是可以提高工作生产力、促进收入增加和职业发展的无形资产，包括知识、技能、声誉等。第二类是**活力资产**。这类资产关乎身心健康与福祉。它包括友谊、积极的家庭关系和伙伴关系，以及个人健康。第三类是**转型资产**。在百岁人生中，人们将经历巨大的变化和多次的转型。这些转型资产是指对自我的认知能力、接触不同网络的能力和对新体验的开放态度。在多阶段人生中，它将变得至关重要。"

无形资产的投资与规划

智富继续说："资产，无论是有形的还是无形的，如果管理和维护不周，往往会不断贬值。亲情、友谊、健康和知识都会贬值，甚至可能消失或变成负值——亲人反目成仇，友人变成仇人，健康变成多病，旧知识变成包袱的例子比比皆是。

"我们要不断地对自己的无形资产进行细心维护和有意识、有计划的投资。巴菲特曾用了一个非常形象的比喻来说明投资自己的重要性：'想象一下，一个精灵来到一个 17 岁的孩子面前，提出要给他买任何一辆他想要的车。但有个前提，无论选择什么样的车，他必须确保车能够使用一辈子。好吧，你可以想象，这位年轻人会将车主手册读上 10 遍，将换机油次数提高一倍，以帮助这部车能够使用 50 年。同样的道理，我们每个人一生只有一副身体和一个心灵，你不能等到 60 岁再修理它们，你必须时刻维护它们。一个人最大的财富是自己。当你年轻的时候，培养良

好的健康习惯，浇灌你的心灵，这将提高你的生活品质。如果不这么做，你可能在 70 岁的时候就剩下一个残骸。'[1]

"大家想想，如果我们现在确信自己有大概率活到 100 岁，我们会怎么规划自己未来的人生、怎么投资自己的无形资产呢？"

"以我自己为例吧。"智富笑着说，"我现在 46 岁，我可能在未来十来年里还会在现在的银行工作，但同时会利用闲余时间继续写作，学习更多的写作技巧。我打算今年报一个写作学习班，再过几年，我还想学习如何做公共演讲。我打算今后设立自己的播客、微信公众号、视频号，传播有关财富管理和财务规划方面的知识。我会继续每周跑步 5 天，每年参加 2～3 次马拉松比赛。10 年以后，我孩子也都大学毕业了，我也应该没有太大的财务方面的负担了，到那时，我可能转型成为全职的财经作家和培训师。但在正式转型之前，我想花一年时间和太太到处走走，多结识一些人，开阔自己的视野，同时让身心得到最大限度的放松。如果转型成功，我想我可以一直工作到 70 多岁。其实，未来十来年，我的主要精力将放在知识的提升（生产性资产）、健康（活力资产）和多元网络的拓展（转型资产）上，为 60 岁左右的人生转型做好准备。"

"老叔，您对未来好有规划啊！"雅琪拍着手说，"我目前没有太明确的规划，就是想努力工作，争取早日成为公司合伙人。在那之后，我很可能会上一个 EMBA(高级工商管理硕士班) 班，多认识一些人，多学点管理技能，拓宽自己的人脉和知识面。下一步要么争取成为公司的高级合伙人，要么和几个人合伙开自己的律所。我希望随着我职业的不断发展，能够花多一点的时间做法律援助志愿者。也许和您一样，在 60 岁左右的时候，我会实现一个较大的转型：可能主要精力放在法律公益活动上，次要精力放在赚钱的业务上。"

---

1 巴菲特在 2002 年和 2008 年股东大会上都讲到一个人所能做的最好投资就是投资自己。

"很好啊！雅琪，"智富说，"读 EMBA 是对自己生产性资产（知识和技能）和转型资产（提高自我认知、拓展多元网络）的投资，但会消耗一大笔有形资产。你可能要提前准备好大几十万元的学费和各种活动费用，要做好财务上的预算。你还要做好时间上的预算：上课时间、读书时间、参加各种课外活动的时间。不过，我不太清楚，在全职工作的同时读 EMBA，同时还有小孩，会对你的活力资产造成何种影响。多数人可能会觉得应接不暇，太累，但有些人会因为再次回到校园和拥有不同人生经历的教授、同学们交流而觉得身心更加愉悦。另外，在百岁人生中，60 岁后的职业生涯还有很长时间，你打算将主要精力放在法律公益上，这个很棒！社会太需要法律援助志愿者了，而且这个也是你的专长，并不算彻底转型。

"申博士，你有何规划，打算如何投资你的无形资产？你前天下午来的时候，身上有烟味，是不是最近工作压力太大开始抽烟啦？身体是我们最重要的资产，必须戒烟啊。"

"谢谢老同学的提醒，"申泰脸有点红，"前一段时间压力很大。烟确实不是好东西，抽的时候感觉能够舒缓些情绪，抽完又特后悔。我会戒掉。

"就像你之前说的，我现在处于探索期。去年的跨界探索失败了，但也不是浪费时间。我想在未来几个月，在考虑下一步如何走的同时，将身体调养好，我现在有颈椎病，血脂也高。"

"我同意，身体必须调养好。**我们在有健康的财务规划的同时，需要有健康的生活习惯和规划。规律的起居、合理的饮食、经常性的锻炼都是对无形资产的投资。**

"如何投资'自己'，在慢慢人生中让自己的无形资产不断升值是个大话题，说个十天十夜都说不完。但不管如何，我希望我们所有人能够多学习，多读书，多走走，多动动。**我们的养老规划必须包括对无形资产的投资规划。**"

从投资组合的角度看无形资产

"我们的无形资产，特别是生产性资本或通常所说的人力资本，是可以定期直接产生现金流的。该现金流对于多数人来说就是工资。有些人的工资收入很稳定，如在机关、事业单位工作的人；有些人的工资收入很不稳定，如在地产、期货投资行业工作的人。对于前一类人，工资收入可以看作持有的低风险的债券，为了平衡和优化他们投资组合的收益风险比，他们可以更多地投资风险较高、收益也较高的金融资产，如股票。"

"你说得太对了，智富。"申泰拍手称快道，"我之前在美国大学的职务是终身教职，这意味着只要我还能上课，我就可以一直工作下去。我有些前同事都七八十岁了还在教课。教授的工资很稳定，每年的收入增长率大约和通货膨胀率差不多。最近两年美国的通货膨胀率比较高，大学的工资增长还赶不上通货膨胀。考虑到我拥有的人力资本是很稳定的，在大学的 10 多年期间，我的养老金投资的都是风险高的股票指数，我没有投资一分钱在债券基金上。

"但在去年进入业界后，收入和职业都变得很不稳定了。这意味着我的人力资本的风险急剧上升，因此我对自己包括人力资本在内的投资组合进行了'再平衡'：投资了更多资金在低风险低收益预期的理财产品上。"

"谢谢申博士，您这个例子太好了。"慧娴赞道，"我是做人力资源工作的，但我从来没有**将人力资本看成自身'投资组合'的一部分**。看来我需要学习的还很多。我想，如果一份工作的收入，如机关工作的收入，和股市的相关度比较低，我们可以投更多的资金在股市上，这样就不用担心股市低迷时，自己的工作也不稳定了。反之，如果收入和股市相关性较高，如在证券行业工作，那我们就应该投资一些低风险的资产。这样就避免了'股市大跌，收入也大跌'的情况。"

"申博士、慧娴，你们说得都很好！"智富总结道，"有形资产和无形资产不但在一定程度上可以相互转化，而且我们要将它们看作是投资组合中相关联的两大类资产。

"最后，**投资自己还应包括学习一些基本的金融知识。我始终认为掌握一定的金融知识是一项基本人权。**我们这两天的讨论和分享其实就是投资自己！"

"完全赞同！"大家齐声说。

原则四：认清自己（*让你赔钱的 N 个理由*）

智富说："在中国，无论是股民还是基民，常常'七亏二平一赚'。当然，这只是一个很简单的带有调侃的说法，主要是说投资者自己赚钱很不容易。股民被称为经常会被割的'韭菜'，投资收益往往跑不过大盘。基民的个人投资收益也往往比不上投资的基金收益。

"2021 年 10 月，国内三家公募基金联合发布了《公募权益类基金投资者盈利洞察报告》[1]。该报告研究了 4682 万主动权益类基金客户账户的 5.65 亿笔交易数据，通过将'基民投基收益'拆分为'基金损益'和'基民行为损益'来分析影响基民收益的因素。

"2016—2020 年，基金的平均年化收益率为 19.57%，但基民的平均收益率只有 7.96%，基民行为带来的损益为 -11.61%。也就是说，**基民自己的操作给收益带来的下降幅度接近 60%**(=11.61% ÷ 19.57%)。而且在基金年化收益率高达 19.57% 的这 5 年间，居然有超过 40% 的基民的收益是负的！近 75% 的基民的收益不足 10%，收益翻番的只有 1.16%。

"该报告显示，**持仓时间越长，基民赚钱的比例越高，平均收益率也越高**。截至 2021 年 3 月 31 日，持仓时长小于 3 个月、在 6～12 个月之间、在 60～120 个月之间、在 120 个月以上的盈利人数占比分别为 39.10%、72.54%、73.79% 和 98.41%；平均收益率分别为 -1.47%、

---

1 该报告由景顺长城、富国基金、交银施罗德三家基金公司于 2021 年 10 月 20 日联合发布。

10.94%、39.70% 和 117.38%。此外，**交易越频繁，基民赚钱的比例越低，平均收益率也往往越低**。每月交易频率在一次以下，1～5 次、5～10 次、10～20 次的基民的盈利人数占比分别为 55.14%、51.60%、35.22% 和 26.92%；平均收益率分别 18.03%、7.63%、4.43% 和 2.11%。该报告研究者认为**基金投资者应尽量争取定投并长期持有，避免频繁交易、频繁择时、过早止盈和追涨杀跌**。"

频繁交易导致收益下降

"哇，我只知道频繁交易、短线操作有害财务健康，没想到基民自己的买卖会降低收益达 60% 之多！"申泰惊叹道，"看来'**投资者最大的敌人是自己**'这句话说得太对了！

"因研究金融大数据的需要，我看过一些行为金融学方面的书籍。这份报告提到的我国基民'频繁交易、频繁择时、过早止盈和追涨杀跌'这些'坏毛病'，其他国家的投资者也都有。过分自信是常出现的一种行为偏差：我们往往自信地认为自己要比一般人强，自己犯错误的频率会相对较低，但事实并非如此。

"在投资领域，过分自信往往会导致投资者频繁交易，而频繁交易则会导致投资收益率下降。美国加州大学戴维斯分校的布拉德·巴伯（Brad Barber）教授和伯克利分校的特伦斯·奥迪恩（Terrance Odean）教授针对过分自信做了一系列有影响力的研究。他们首先分析了 66465 个个人交易账户，发现在 1991—1996 年期间，交易频率对账户扣除交易成本前的总收益影响不大，年化收益率平均在 18.7% 左右。但扣除交易成本后，频繁交易账户的年化净收益率只有 11.4%，换手率最低账户的年化净收益率则为 18.5%，同期标准普尔 500 指数基金的收益率为 17.9%。换言之，对于多数人来说自己炒股不如买指数基金。

"巴伯和奥迪恩还发现男性要比女性更为自信，男性投资者的股票换手率是女性的 1.45 倍。频繁交易导致男性账户的年化净收益率降低

2.65%，女性账户的年化净收益率则降低 1.72%，两类账户之间的净收益率差为 0.94%。单身男性投资者最为自信，也交易得最为频繁。单身男性账户的换手率是单身女性账户换手率的 1.67 倍，结果是单身男性账户净收益率要比单身女性的低 1.44%。

"另外，智能手机的广泛使用让散户不但更频繁地交易，而且交易的风险也变得更高。最近的一项针对德国个人投资者的研究[1]发现，个人投资者在使用智能手机时比使用电脑时，交易更为频繁，更趋于购买高风险的、类似'彩票'的股票和最近大涨的股票（追涨），最终的投资回报也相对越低。

"为了降低投资频率，减少过度交易对财富健康的伤害，现在一些金融科技公司已经推出了一些软件，帮助投资者在交易前增加一个'冷静期'，迫使投资者降低交易频率，减少'自我伤害'。《华尔街日报》之前报道过一位散户，因交易虚拟货币上瘾导致失眠，朋友也越来越少。他尝试过冥想和骑自行车，但这些都无法替代高频交易给他带来的快感。最终他安装了一个软件，让他在打开交易软件时有 20 秒的延迟。别小看这 20 秒，这让他打开交易软件的次数减少了 60%。"

频繁择时往往踏空

申泰接着说："有些投资者不但频繁交易个股，而且还频繁择时。以股票投资为例，有些人会根据自己对股市整体的判断——是继续涨还是涨得差不多了，是继续跌还是跌得差不多了——来决定买卖。这样的判断通常是基于技术面或基本面的分析得出的对市场或经济状况的展望。

"在探讨'资产配置是王'这一投资原则时，我们提到投资收益的绝大部分甚至是全部都来自资产配置。因为那些伴随着择时和选券而来的

1 Kalda, Ankit, Benjamin Loos, Alessandro Previtero, and Andreas Hackethal. *Smart (Phone) Investing? A within Investor-time Analysis of New Technologies and Trading Behavior*. no. w28363. National Bureau of Economic Research, 2021.

费用、税收和亏损会减少收益。

"事实上，即使忽略交易费用和税收，想通过择时'赌对'市场走势也是非常困难的，即使偶尔能择对时，也很难做到经常择对时。下面的一张表列出了美国股市在 1930—2020 年间，每 10 年的总回报率。

时间	年代回报率	剔除涨幅最大的 10 个交易日后回报率
1930—1939 年	-42%	-79%
1940—1949 年	35%	-14%
1950—1959 年	257%	167%
1960—1969 年	54%	14%
1970—1979 年	17%	-20%
1980—1989 年	227%	108%
1990—1999 年	316%	186%
2000—2009 年	-24%	-62%
2010—2019 年	190%	95%
2020—2029 年	18%	-33%
1930—2020 年	**17715%**	**28%**

"如果投资者不择时，老老实实买入持有，那他在这 91 年期间的回报率为 177 倍。当然，有些年代回报率是负的，比如，20 世纪 30 年代和 21 世纪的头 10 年。但是，如果投资者错过了 10 年中涨幅最大的 10 个交易日，那他 91 年间的总投资回报率只有 28%。"

"谢谢申博士，"智富接着说，"我刚刚提到的三家基金公司联合发布的报告也发现了女性投资者的平均交易频率要比男性的低（低 0.51 次/月），平均收益率则要高（高出 1.57%）。基金投资中的'二八效应'十分显著，基金的大部分收益集中在少数的上涨阶段。如果将这三家公司旗下的拳头产品涨幅最大的 20 天剔除掉，这些拳头产品的累计净值增长率将平均下降 70% 左右。我经常劝客户不要择时。"

过早止盈

"是的，智富，"申泰赞同地说，"择时无论是在美国，还是在中国，都太难了。刚才提到的基民过早止盈也是一个典型错误，在行为金融学里也有一个专门的词汇来描述这种行为：**'处置效应'——投资者会有过早卖出盈利股票而过长时间持有亏损股票的倾向**。从心理学的角度来理解，投资者有尽快享受获利赚钱的快感，推迟实现亏损所带来的痛苦的倾向。

"但是，研究显示，那些被投资者过早卖掉的股票比他们继续持有的股票有更好的表现。奥迪恩教授的另一篇研究[1]发现，个人投资者卖出赚钱股票 (赢家) 的概率是卖出亏钱股票 (输家) 的概率的 1.5 倍。但一年之后，被卖掉的赢家的收益率要比留在手上的输家的收益率高出 3.5%。

"巴伯和奥迪恩[2]还比较了投资者换仓股票的收益率：卖掉的股票和买入的股票，谁的收益率高？按照道理，在一般情况下，投资者之所以卖掉一只股票，买另一只，是因为预期第一只股票的收益率不如第二只，但事实上，研究发现卖掉的股票一年后的收益率要比买入的股票的收益率高出 3.2%。换仓不但增加交易成本，而且收益率还降低不少。"

追涨杀跌

申泰接着说："投资者还常常会追涨杀跌。处置效应指的是投资者的行为受持仓盈利或亏损的影响，更倾向于过早卖出有盈利的仓位，过长时间持有亏损的仓位。追涨杀跌[3]则不一样。它指的是投资者因股市或某

---

1 Odean, Terrance. "Are investors reluctant to realize their losses?." *The Journal of Finance* 53, no.5(1998): 1775-1798.

2 Barber, Brad M., and Terrance Odean. "The Courage of Misguided Convictions." *Financial Analysts Journal* 55, no.6(1999):41-55.

3 这里的"追涨杀跌"和量化投资中的动量投资策略、管理期货中的趋势跟踪策略不是一回事。后两者是在历史回测的基础上，根据证券过去一段时间的绝对或相对收益率，系统地做多或做空某个或某些证券。

只股票的价格上涨（下跌），而盲目杀入（卖出）。

"当股市行情好的时候，很多新股民、新基民会涌入市场；当股市低迷或暴跌时，很多人又因焦虑或恐惧而离场。如果我们能向巴菲特学习'别人贪婪时我恐惧，别人恐惧时我贪婪'的理念，那我们的投资收益将会大幅提高。"

"是的，申泰。不但一般的散户会追涨杀跌，我接触的不少高净值客户也是如此。"智富说，"根据那份报告，在2007年、2015年、2020年和2021年年初行情的上涨阶段，三家公司季度基金买入金额大幅增加。但是一旦股市步入下跌阶段，季度基金买入金额锐减，与沪深300指数的起伏高度相似，这意味着投资者喜欢在上涨时进入市场。而在市场低迷期，如2011—2014年期间，季度基金买入金额同样低迷。而事实上，这时可能反而是布局基金的好时机。"

熟悉偏差

"确实是这样，智富。"申泰接着说，"当股市低迷或暴跌时，一种自然的冲动可能是按下卖出键。但回报最好的日子往往紧随着跌幅最大的日子，因此，焦虑或恐慌性抛售会导致长期投资者错过最好的日子，从而大幅降低长期回报。

"另外，人们还往往因工作、地缘、亲友等原因而熟悉某些公司，并因熟悉而投资这些公司的股票。

"投资者对于自己工作的公司的股票要尤为注意。公司的管理层往往鼓励员工持股。前段时间，还有某上市公司实控人公开倡议全体员工积极买入公司股票。但万一公司破产了呢？万一公司业绩大滑导致股价大跌同时大裁员呢？美国前第四大投资银行雷曼兄弟在2008年金融风暴期间因过高的财务杠杆和投资亏损而破产，很多员工在失去工作的同时，失去了一辈子的积蓄——他们的所有积蓄都投了公司的股票。

"有研究者[1]将员工持有公司股票和持有具有相同风险等级但充分分散的投资组合进行了对比，发现员工因持有公司股票而导致投资过于集中造成的损失是巨大的，即使公司的股票是相对安全的蓝筹股，损失也很大。员工如果将 25% 的财富投资公司股票并持有 10 年，平均来看，员工相当于放弃了股票市值的 42%。对于风险高的公司，员工的潜在损失更大。

"我在美国的一个邻居几年前获得公司 2 万股限制性股票。在 2021 年时，股票解禁，公司股价也曾一度达到近 50 美元一股。按照美国税法，当限制性股票解禁时，个人就要将股票当时的市值作为收入纳税。我的邻居当年交了 6 万多美元的税。但很遗憾，他没有考虑分散风险，一直持有这 2 万股股票。到 2023 年的时候，每股股价只有 1 美元多了。"

框定效应

"谢谢申博士的分享。"智富说，"你刚才说的频繁交易、频繁择时、过早止盈、追涨杀跌、熟悉偏差这些都会妨碍我们以更理性的方式思考、决策。行为偏差很多，我们今天不可能详细讨论。我再简单聊两个比较重要的和投资相关的心理学现象——框定效应 (framing effect) 和锚定偏差 (anchoring bias)。

"**框定效应指的是同一个问题，因呈现或描述方式的不同，人们的反应也很可能会不同。**例如，当医生告诉患者手术有 90% 的概率存活时，82% 的患者选择了手术。但是当医生告诉他们有 10% 的概率死于手术时，只有 54% 的人选择了手术。从统计学角度，这两种表述意思完全一样，但一个说的是存活率，另一个说的是死亡率。描述上的不同，导致人们在面临生死抉择的时候，做出很不一样的决定[2]。

---

1 Meulbroek, Lisa. "Company Stock in Pension Plans: How Costly is it?." *The Journal of Law and Economics* 48.2(2005): 443-474.

2 Tversky, Amos, and Daniel Kahneman. "Rational Choice and the Framing of Decisions." *In Multiple Criteria Decision Making and Risk Analysis using Microcomputers*, 81-126. Springer Berlin Heidelberg, 1989.

"在投资中，人们往往过于关注眼前的、一次性投资的收益和损失（置于放大镜框下）。但如果将眼前的、一次性投资看作是长期的、无数次投资决策的一部分（置于长期的、整个投资组合的框架下），人们的投资决策将会更加理性。

"框定效应给我们的启示就是：**要将投资看成长期的、一系列的活动，而不是一次性的、单一的活动；我们应该在包括房产等在内的所有财富这个框架下衡量某个投资的表现；我们应该着眼于长期目标，而不是短期结果。**"

锚定偏差

"**锚定偏差指的是人们在做出判断时，易受第一印象或初始信息（记号）的影响，就像沉入江底的锚一样思维被固定在某处。很多时候，人们可能意识到自己的思维受到初始信息的影响，主动进行调整以得到答案，但调整往往是不充分的，给出的答案和真实值相去甚远。**

"锚定偏差在交易、谈判和给商品定价时有广泛的应用。例如，我们在交易股票时，常常将买入价，或过去一年的最高价/最低价，或某个整数点（如股市3000点）作为锚点。例如，当某股票价格接近过去一年的最高价(最低价)时，因受锚定偏差的影响，我们会倾向于卖出(买入)该股票[1]。

"再如，买东西的时候，卖方有时将价格定得高得离谱，如将心理价位为100元的商品定价为500元，这样买方即使会往下要价，但因为这个'高得离谱'的锚定，买方往往还的价还是偏高，如200元，卖方最终因锚定而以相对高价卖出。

---

[1] 笔者和曾合作者结合公司内部人的信息优势和锚定偏差设计了一个投资策略。详情请参阅：Li, Ruihai, Zhipeng Yan, and Qunzi Zhang. "Trading against the grain: When insiders buy high and sell low." *The Journal of Portfolio Management* 46, no.1(2019): 139-151.

"我们在投资中如果受锚定偏差的影响，往往会'高买低卖'。以大家都关注的房地产为例。早在 1987 年，亚利桑那大学的两位教授 Gregory Northcraft 和 Margaret Neale[1] 就测试了当地知名的房地产中介对同一个房子的评估是否理性、合理。他们请这些熟知当地房地产市场的中介仔细检查了房子，并提供了可比较的类似房屋的最近成交价格，以及其他一些描述性信息。

"所有中介得到的信息都是一样的，但卖方的挂牌价信息除外。第一组中介被告知卖方的挂牌价是 11.99 万美元；第二组被告知挂牌价是 12.99 万美元；第三组被告知挂牌价是 13.99 万美元；最后一组被告知挂牌价是 14.99 万美元。

"Northcraft 和 Neale 之后请这些专业人士给房子估价。按照道理，房产中介应该根据房子自身的品质、地点等因素独立得出合理估价，而不应受挂牌价的影响。但事实如何呢？

"被告知挂牌价是 11.99 万美元的中介的平均估价是 11.145 万美元；被告知挂牌价是 12.99 万美元的中介的平均估价是 12.321 万美元；被告知挂牌价是 13.99 万美元的中介的平均估价是 12.465 万美元；而被告知挂牌价是 14.99 万美元的中介的平均估价是 12.732 万美元。也就是说，挂牌价（给出的初始信息，即锚定价格）越高，专业人士给出的专业评估价格也就越高。

实验还没完。他们又请了一些非专业人士来给房子估价。这些人受锚定偏差的影响更大。如果挂牌价提升了 3 万美元，非专业人士给出的"合理"估价也会提升 3.1 万美元！

最有趣的是，81% 的房地产中介表示，他们在估价时根本没有考虑挂牌价。而在门外汉中，有 63% 的人声称他们在做决定时没有考虑这一

1 Northcraft, Gregory B., and Margaret A. Neale."Experts, amateurs, and real estate: An anchoring-and-adjustment perspective on property pricing decisions."*Organizational behavior and human decision processes* 39, no.1(1987): 84-97.

信息。换句话说，挂牌价改变了每个人对该房子的评估，但其中大多数人完全不知道他们在潜意识里受到了影响。

"大家看到没有，如果因锚定偏差而多付了 10% 的购房款，你说亏不亏？好了，在这个话题上聊得不少了。总之，我们都需要学习一些行为金融学的知识，更多地了解自己，在与投资目标相匹配的投资框架下，利用这些知识让自己变得更有纪律性，做出更理性的投资决策。"

原则五：给自己留余地

"如果你们还记得的话，我们之前在讨论预算、养老目标的时候，假设了一些数据。例如，我们假设未来的通货膨胀率是 3%；如果是长期投资，我们假设投资的年化收益率为 8%；如果是中期投资，我们假设年化收益率为 6%。这些数字并不是凭空而来的，而是基于一些历史数据得来的。例如，截至 2021 年，我国社保基金自成立以来近 20 年的年化收益率为 8.3%[1]。从 2007 年至 2022 年，我国的企业年金年化收益率也超过了 7%。代表中国股市大盘的沪深 300 指数自 2005 年成立至 2022 年年底，年化收益率为 9.65%。"

1/3 的缓冲

智富接着说："但我们不是先知，过去 8% 的年化收益率未来未必能够实现。当然，如果未来几十年后实现的年化收益率超过 8%，那最好不过，但我们做长期预算，应为最差的情况做好准备：万一未来几十年的年化收益率不及 8%，甚至不及 6%，我们是否还有足够的资金养老？

"我们前天提到财经作家摩根·豪泽尔所著的《金钱心理学》一书。

---

1 数据出自全国社会保障基金理事会发布的《2021 年度社保基金年度报告》。

豪泽尔认为在假设未来投资回报时，要留出'误差空间'。这个更像是艺术而不是科学。对于他自己的投资，**他假设'一生所能获得的未来回报将低于历史平均水平的1/3'**。相比于假设未来回报和历史平均水平相似，他这个更保守的假设导致他和他爱人当前存了更多的钱。这个是他的'安全边际'。虽然没有安全边际能够提供100%的保障，但豪泽尔认为：'1/3的缓冲足以让我晚上睡得好。如果未来真的与过去相似，我会很惊喜。'查理·芒格说：'**实现幸福的最佳方式是将目标定得低。**'"

老年通胀风险

"对于未来的投资回报率，保守的做法是假设一个低的数字。但对于未来的通货膨胀率，保守的做法是假设一个高的数字。我们这两天一直假设未来通货膨胀率为3%，从保守的角度，我们可假设得高些，如5%。"

"智富，有关通货膨胀我想插两句。"申泰说道，"我们通常谈的通货膨胀率指的是物价平均水平的上升幅度。但我们多数人忽视了一点：**老年人经常消费的商品和服务与一般人群消费的商品和服务并不完全一样，我们并不知道退休后，针对老年人消费的一篮子商品和服务的未来价格。**比如，相比一般人群，老年人对医疗服务的需求更大。如果未来医疗服务的价格相对于其他产品和服务的价格上涨得更快，老年人的相应花费也会更多。很遗憾对于'老年通胀风险'，目前市场尚未有好的产品能够应对。这也是我今后想研究的方向之一。"

政策长期可能会变

"谢谢申博士，老年通货膨胀这个概念我还是第一次听说。从给自己多留余地的角度出发，我们可以假设老年通货膨胀率高于一般的通货膨胀率。

"另外，我们在做很多预测和估算的时候，还假设国家针对养老的相关政策长期稳定不变。其实，如果我们环顾全球，多了解历史就知道**很少有国家的某个政策能够超长期不变**。2018 年 6 月 14 日，在俄罗斯世界杯开幕式那一天，俄罗斯政府宣布将男性领取国家养老金的年龄从 60 岁提高到 65 岁，女性从 55 岁提高到 63 岁。2021 年，日本将法定退休年龄从 65 岁提高到 70 岁。2023 年年初，法国政府提议将最早提休年龄从 62 岁提高到 64 岁，而且还要求个人只有在法国工作满 43 年后才能在 64 岁时获得全额养老金，否则个人不得不等到 67 岁才能拿到全额养老金。法国政府这么做的理由是'随着法国预期寿命的增长和出生率的下降，改革是保持养老金体系偿付能力的必要措施'。法国总理伊丽莎白·博尔内说：'我们的目标是确保到 2030 年，我们拥有一个财务平衡的（养老金）体系'。经合组织 (OECD) 估计，到 21 世纪 60 年代中期，该组织成员国的正常退休年龄将平均推后两年左右。预期到时候丹麦的法定退休年龄最高，男女均为 74 岁。

"**我们无法预测未来几十年后我国的法定退休年龄是多少，但低出生率叠加老龄化，大趋势是法定退休年龄会逐渐推后**。党的二十大也明确提出'实施渐进式延迟法定退休年龄'。为了给自己多留余地，我们在做养老规划的时候可以在目前法定退休年龄的基础上多加几年。

"另外，不知道你们是否还记得，我们在讨论养老安全、养老独立和养老自由这三个梦想的时候，从'机会成本'或'支持子女'的角度，假设了我们到退休的时候还有房贷或房租。在此基础上，如果我们想实现养老梦想，需要更多财富。其实，这个假设也是给自己多留余地。不少人在退休的时候不但没有房贷，而且还有额外的房产投资提供源源不断的房租收入。对于这些人，实现养老梦想会轻松不少。"

"老叔，您还提过医保个人账户改革——从'统账结合'转到'家庭小共济'和'门诊大共济'。我想等我七老八十了，医保制度也许还会有调整。"雅琪插话道。

"你说得很对，医疗支出将是养老阶段重要甚至是主要的开支。我们在做规划时，可以多假设在医疗方面的支出，给自己多留余地。

"未来还有一个很大的不确定因素是国家提供的基本养老金的金额会是多少。我提过，在过去20多年，我国城镇职工基本养老金替代率从20世纪90年代末的超过75%到2021年的不到40%。在《百岁人生》这本书中，两位作者假设未来英国提供的社会保险养老金只占个人退休前最终收入的10%。如果我国未来基本养老金替代率进一步调整，我们的养老规划也必须修正——要么工作时存更多的钱，要么推迟退休，要么提高投资收益但同时承担更高的风险。"

"我插一句，智富，"申泰说道，"我们在做研究的时候，有时为了测试系统在极端情况下的稳定性，会采用压力测试。我想在投资领域，我们可以假设一些极端情况。例如，假设未来10年投资股市的年化收益率为零，假设未来基本养老金替代率为10%，假设未来自己会有较长时间没有工作，等等。如果在这些极端的情况下，我们为养老准备的财富还足以保障我们和家人的基本生活，那就说明我们为养老所做的准备是充分的。"

"非常好，申博士，压力测试这种方式确实也适用于像养老这样的长期规划。"智富赞道。

原则六：弄清投资的游戏规则

智富继续补充说："不少散户还没搞清楚市场规则就入场投资，结果白白交了很多学费。例如，在中国**除了货币基金，一般基金产品持仓小于7天都会收取1.5%的赎回费**。一些新基民不清楚这个规则，像短线操作股票一样短线操作基金，结果支付了高额的费用。

"我想先聊聊投资基金的各种费用，因为对于我们多数人来说，实现养老自由要靠投资多元化的基金，而不是挑选个股。而且费用的小差别，几十年下来会造成财富的巨大差异。理财产品的各种费用和基金的费用差不多。为了简便，我就不分开介绍了。"

王大和王二的故事（四）：小费用大差异

智富接着说："我在'智富的致富经——无论你交不交个税，通过个人养老金账户投资都是上策'那部分，讨论过费用对最终财富积累的巨大影响。我想用王大和王二的故事再强调一下这一点。

"王家两兄弟在 25 岁时各有 1 万元，打算投资 40 年用于养老。

"王大是个精明的基金投资者，他通过某平台申购基金，申购费只有正常申购费——1%——的 1 折。支付申购费后，他实际用于投资的金额为 9990.01[1] 元。他选择是费用较低的指数基金，年化费用为 0.5%。

"王二根本不知道申购费还能打折，他通过银行直接购买基金，支付了 1% 的申购费。支付申购费后，他实际用于投资的金额为 9900.99 元。选择的是费用不低的主动管理型基金，年化费用为 2%。很遗憾，该基金虽收取高额的费用，但费前收益率和指数基金的一样，都是 8%。

"大家看看下面的图，40 年后，王大的账户里有 18.03 万元，而王二的账户里只有 10.18 万元。每年 1.5% 的费用差异，日积月累造成了 40 年后王二的财富只有王大的 56.5%！"

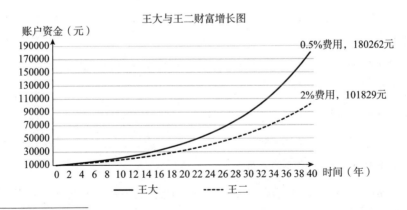

王大与王二财富增长图

————

1 这里采用了基金费用的外扣法来计算。净申购金额＝申购金额 ÷(1+ 申购费率)。

"看来今后投资基金要额外注意各种费用，"子安说，"我打算今年就开始为孩子的教育和自己的养老投资。"

"是啊，投资基金有不少看得见和看不见的费用，同类基金间费用能相差很多。"智富接着说道。

基金看得见的费用

"看得见的费用包括认购／申购费、赎回费、管理费、托管费、销售服务费等。如果我们购买的是尚处于募集期的新基金，购买基金的费用叫作认购费；如果购买的是已经成立的基金，所交的费用叫作申购费。

"一般来说，认购费打折的较少，但也有机构根据市场情况推出认购费打折活动，甚至有最低'0元购'。

"对于申购费，通过第三方基金销售平台，如支付宝、天天基金、雪球基金，申购通常能获得一折优惠，通常是申购额的 0.1%～0.5%。大部分传统销售渠道，如银行和券商，会打 4～5 折，收取申购额的 0.4%～0.75%。也有部分渠道全额收取申购费，即申购额的 1%～1.5%。如果在基金公司官网或客户端直接购买，也会享受较大折扣，不少基金直销给出 4 折优惠，有些基金甚至给出 0.1 折的优惠。

"赎回费和持仓时间相关。如果持仓时间少于 7 天，赎回费为 1.5%。持仓时间超过 7 天，一般为 0.5%。很多基金在持仓 1～2 年后可免赎回费。

"所有基金都收取管理费和托管费。股票基金的管理费在 1.5% 左右，债券基金的管理费一般低于 1%，货币基金的管理费在 0.3% 左右，指数基金的管理费在 0.5%～1% 之间。"

"托管费率一般在 0.05%～0.25% 之间。指数基金的托管费一般要比主动管理型基金的托管费要低些。

"销售服务费是基金管理人依照合同约定从基金中按比例提取的佣金。

"认购／申购费和赎回费是在交易基金时产生的，管理费、托管费和销售服务费是持有基金时产生的，一般是按日计提，按月支付的。"

基金 A 类、B 类和 C 类

"基金后面的 A、B、C 后缀指的是收费方式。A 类指的是前端收费，即购买时扣除申购费，赎回时收取赎回费，长期投资后赎回费免除。B 类是后端收费，即购买时不收费，赎回时扣除申购费和赎回费。很多债券和股票基金没有 B 类。C 类不收取申购费和赎回费，但按时间收取销售服务费。

"同一基金公司的同一产品的 A 类和 C 类的债券和股票基金，一般来说，费前收益、管理费和托管费都是一样的。投资者的费后收益差异体现在是交一次性的申购费（A 类）还是交一直有的销售服务费（C 类）。选择 A 类，有申购费，但现在通过第三方平台可以一折申购。选择 C 类，没有申购费，也没有赎回费（除非持仓不到 7 天），但有按日计提的销售服务费，如 0.2%/ 年。因此，如果投资者打算长期持有，应申购 A 类基金；如果打算短期投资，则可选择 C 类。"

货币基金的 A 类和 B 类

"货币基金没有申购费和赎回费。货币基金的 A 类、B 类与股票和债券基金的 A 类、B 类、C 类不太一样。A 类货币基金一般服务散户，可以从很小金额起投。B 类货币基金主要服务对象为机构投资者，500 万元起投。两类基金收取的销售服务费也不一样，A 类货币基金为 0.25%，而 B 类货币基金为 0.1%。因此，一般 B 类货币基金的收益要高于 A 类货币基金的收益。

"但是，有少数 B 类货币基金大幅降低了门槛，有的申购最低金额只要 10 元。这对于我们'活钱管理'还是蛮不错的。"

基金看不见的费用

智富接着介绍："上面说的各种费用都是看得见的，我们可以在各大基金的网站或第三方平台上查询到。但有些费用是看不见的。

"这些费用包括：交易佣金、印花税、分红税、信息披露费用、审计费用、指数使用费，等等。个人投资者收到基金分红无须缴纳分红税，但基金本身收到所投资公司的股息红利时，需要缴纳分红税。基金买卖证券时，也要缴纳印花税和交易佣金。**公募基金的佣金是较高的，很多基金公司的交易股票的佣金仍然是标准的万八 (0.08%)，但实际上现在很多个人投资者和私募基金都能享受到万二甚至更低的佣金费率。**如果公募基金的换手率特别高的话，那交易费用还是比较多的。

"在所有基金中，指数基金的调仓频率是很低的，每年 1～2 次调仓。指数增强型基金的调仓频率要高些。基金的年报中会披露交易佣金。对于多数指数基金，年化交易佣金大约在 0.1%～0.4% 之间。而主动基金的交易佣金很多在 0.4% 以上。有些基金的佣金规模比例甚至接近 20%，即投资者买入 100 元的基金，其中近 20 元用于支付基金的交易佣金。"

额外持有的现金

"智富，还有一个常被忽视的隐性成本是基金里的现金。"申泰说，"所有基金都会持有现金，有些基金持有超过 10% 的资金在现金上（常称为'银行存款和结算备付金合计'）。这些资金产生的收益很低，但投资者仍须支付包括管理费和托管费在内的各种费用。如果我们自己将这部分现金用于银行存款，就不需要支付任何费用了。当股票相对于现金表现更强劲时，持有现金会降低投资者的收益。当然，当股市下跌时，基金持有现金对相对收益是有贡献的。我记得一份研究美国公募基金的报告发现，因为持有过多的现金，基金每年的收益平均下降 0.83%。"

"谢谢申博士，我国的监管规定开放式基金应当保持不低于基金资产净值 5% 的现金或者到期日在一年以内的政府债券，以备支付基金份额持有人的赎回款项，中国证监会规定的特殊基金品种除外。但在实际操作中，确实有些基金留有过多的现金。"智富说。

弄清各种投资工具的风险与收益

"中国金融市场发展很快，有越来越多的金融工具供我们选择，但不同工具之间的风险与收益预期差别很大。如果弄不清楚，很容易'踩雷'。"

指数基金与指数增强型基金

"我们先来聊聊之前提过的指数基金和指数增强型基金。指数基金是以特定指数——如沪深 300——为标的指数，并以该指数的成份股为投资对象，以取得与指数一致收益为目标的基金产品。指数增强型基金有80% 以上的资产跟踪复制指数，不超过 20% 的资产由管理人灵活投资。指数增强型基金以获取超额收益为目标。

"指数增强型基金在投资时，相比较于纯指数基金有更大的灵活性。管理人增强收益的投资手段包括择时、基本面或量化择券、套利、打新等。但预期的超额收益并不稳定，有可能跑输对应指数。**指数增强型基金属于主动管理基金，择时、人为调仓换券产生的额外费用最终也会转嫁到投资者头上，因此管理费、隐性的成本都显著高于指数基金。**

"**增强型基金的业绩严重依赖于基金经理的能力。在一个相对成熟、以机构投资者为主的市场，任何人或机构想获得超额收益都是很困难的事情。**"

"你说得很对，智富。"申泰接过话说，"在美国，多数主动管理基金长期业绩不如指数基金[1]。在 2017 年伯克希尔公司股东年会上，巴菲特当着特邀嘉宾、88 岁的约翰·博格（John C. Bogle）面对上万人说：'约翰·博

---

1 有关基金业绩的进一步讨论可以参阅《投资密码：脑洞大开的投资智慧》，阎志鹏，2022 年，商务印书馆。

格可能为美国投资者做的事情比任何人都多。'约翰·博格是指数基金之
父、先锋集团创始人。博格在他的经典之作《长赢投资：打败股票指数
的简单方法》里阐述了为何绝大多数投资者会跑输指数。

"**第一，在投资游戏中，金融赌台总是赢家，投资者作为一个团体想
击败股市是输家的游戏**。在扣除投资成本之前，所有投资者的整体收益
就是大盘收益，击败大盘是一场零和游戏。也就是说，如果有人投资回
报超过大盘收益，必定有人的投资回报低于大盘收益。这是在扣除投资
成本之前，一旦考虑进各种投资成本，投资者作为一个团体的投资回报
必定低于大盘收益。

"**第二，机构投资者作为一个整体想长期击败股市也是徒劳的**。博格
比较了自 1970 年以来就存在的 355 只共同基金的长期业绩。截至 2016
年，有 281 只基金因经营不善而关闭，存活的 74 只基金中有 64 只基金
的业绩不如指数基金。如果你觉得 46 年投资竞赛时间太长，我们看中
短期的。博格比较了美国所有主动管理股票基金在 2006—2011 年以及
2011—2016 年这两个 5 年的业绩变化。在第一个 5 年业绩排名最高的前
20% 的基金（优胜基金）中，在随后的 5 年中，只有 13% 的基金仍然排
在前 20%；有惊人的 27% 的前期优胜基金落入了垫底的 20%。更糟糕的
是，**10% 的前期优胜者甚至都未能在后期的五年中存活下来！**反过来，
前期的落伍分子，业绩排在垫底的五分之一的基金，其中有 17% 在后期
成了优胜基金；只有 12% 仍在垫底的 20%；26% 没能存活满 5 年。

"**第三，也是博格最为强调的一点，成本是基金投资回报高低的决
定因素。基金业绩时好时坏，但成本是永存的**(costs go on forever)。
在 1991—2016 年这 25 年中，成本最低的基金的平均年化净收益率为
9.4%，而成本最高基金的平均年化净收益率只有 8.3%。仅通过最小化成
本就可以实现收益的提升。在看不见的费用中，交易费用是重要的一项。
主动管理型基金的换仓频率要远高于指数基金。博格指出，在所有投资
风格大类中，低换手率的基金整体业绩要持续好于高换手率的基金。

"如果我们能认同博格的以上几点见解，那我们就不得不认同他的**终极结论——甩开各种中介、专家、分析师，长期投资成本最低的跟踪美股大盘指数基金！**为啥？原因很简单：所有投资者作为一个整体在任何一个时间点都跑不赢大盘，几乎没有机构投资者能够持续跑赢大盘，昔日英雄往往是明日黄花，所有专家、中介、分析师都是想从投资者身上赚钱的，成本最低的基金往往业绩更佳，因此，唯一理性的结论就是以最低的成本投资美国整个股市！"

"谢谢申博士，"智富说，"确实，我也认同在美国很难打败费用低廉的指数基金。但中国的资本市场和美国很不一样。我们的投资者以散户居多。相对于机构，散户获取信息、分析信息、交易的能力等都要弱得多。我们刚才讨论过'认清自己'这一原则，个人会因各种行为偏差，如过早止盈、追涨杀跌，而做出非理性决策。虽然机构投资者也并非完全理性的，但他们拥有更多的资源和更强的研究分析能力，拥有散户所无法比拟的信息网和人际网。因此，中国的机构在和散户对决中，获胜的概率还是大不少的。

"例如，相对于代表大盘的沪深 300 指数，中证 500 指数成份股的散户比例更高，投机气氛更浓，常出现一些非理性的波动。而有纪律的机构投资者往往能捕捉到因非理性波动而产生的获利机会，从而获得超额收益。因此，**在国内市场，机构投资者获取超额收益更容易些。中证 500 指数增强型基金的平均超额收益要高于沪深 300 指数增强型基金的平均超额收益**。同样地，聚焦于中小市值企业的中证 1000 指数增强型基金的超额收益也要高于沪深 300 指数增强型基金的超额收益。

"大家看看这张表[1]。我列出了不同投资策略的基金截至 2022 年年底的 1 年期、3 年期、5 年期和 10 年期的平均年化收益率。如果我们对比一下指数基金和指数增强型基金，无论是股票指数还是债券指数，指数

---

[1] 数据来源：中金公司研究部。

增强型基金的平均表现都要好于指数基金。对于股票基金，在 2013—
2022 年这十年，指数增强型基金的年化收益率为 8.7%，而指数基金的收
益率只有 7.1%。

	2022 年年化收益率	2020—2022 年年年化收益率	2018—2022 年年年化收益率	2013—2022 年年化收益率
普通股票	-20.4%	13.3%	10.8%	12.8%
被动指数股票	-20.4%	5.0%	2.9%	7.1%
指数增强股票	-19.0%	7.4%	4.8%	8.7%
偏股混合	-21.3%	11.4%	9.4%	12.5%
平衡混合	-10.3%	8.1%	8.1%	10.6%
灵活配置	-16.6%	10.4%	8.9%	11.2%
偏债混合	-3.8%	5.6%	5.6%	9.3%
中长期纯债	2.4%	3.1%	4.0%	4.6%
短期纯债	2.2%	2.6%	2.5%	3.2%
混合债券一级	0.9%	3.4%	4.3%	5.5%
混合债券二级	-4.1%	3.7%	4.4%	6.0%
可转换债券	-17.9%	6.2%	6.2%	7.4%
被动指数债券	2.4%	3.2%	4.4%	4.2%
指数增强债券	3.7%	8.7%	6.8%	7.2%
股票多空	-3.9%	1.4%	2.4%	—
商品	11.3%	9.3%	6.0%	—
QDII 股票	-11.9%	2.2%	3.8%	5.4%
QDII 混合	-17.8%	2.0%	2.0%	3.0%
QDII 债券	-0.6%	-3.1%	-0.1%	2.1%
QDII 另类投资	6.6%	0.3%	2.8%	-0.8%
REITs	1.4%	—	—	—

"我相信随着国内市场慢慢走向成熟，投资越来越机构化，任何基金
经理想获得稳定的超额收益都将会越来越困难。

"最后，由于不同的指数反映市场上不同类型股票的情况，我们无论

是投纯指数基金还是指数增强型基金，都要选择符合自身投资目标和风险承受能力的指数。如果追求市场平均收益，我们可以投资追踪大盘的指数基金，如沪深 300 指数。如果对某一类股票的长期发展有信心，可以考虑投资该类企业的指数，如创业板指数、中小企业 100 指数、中证银行指数等。"

目标日期产品与目标风险产品

"资产管理机构为个人养老提供的产品中有一类叫养老'目标'类产品，包括目标日期产品和目标风险产品。这些产品后面往往有个'FOF'的后缀：表明产品是基金中的基金 (fund of funds)，即该产品会投不同组合的基金。

"目标日期产品通常以退休年份命名，如'2035 基金[1]''2050 基金'等。随着所设定的目标日期的临近，管理人会按照事先设定的模型（称为'下滑轨道'）逐步降低（风险相对较高的）权益类资产的配置比例，增加非权益类资产的配置比例。

"例如，我可能 20 年后退休，那我可能会选择投资目标日期为 20 年后的产品。但目标日期产品也可以用来满足其他有明确日期的投资需求。我在讨论'投资原则一：投资决策要与财务目标相匹配'时，曾以子安家老大 18 年后上大学为例，建议子安可以考虑 18～20 年左右的目标日期产品作为孩子教育基金的投资工具。

"目标风险产品通常以产品风险水平命名，如'偏债混合型 / 稳健型''平衡混合型''偏股混合型 / 积极型'。管理人按照特定的风险偏好设定权益类资产、非权益类资产的基准配置比例，并在一定范围内动态调整。

"在 2022 年 11 月，国家社会保险公共服务平台公布了首批'个人养

---

1 虽然这里用的是"基金"，但要注意银行理财产品也会有"目标"类的产品。因此，在可能的情况下，笔者主要用"产品"，但在举特定例子的时候，可能会用到"基金"。在中国，银行理财产品受银保监会监管，基金产品则是由证监会监管。

老金产品目录'，共 40 家基金公司的 129 只养老目标基金产品入围。其中包括 50 只目标日期型基金和 79 只目标风险型基金。目标日期型基金以 2035 年、2040 年的产品最多，分别有 12 只、14 只。目标日期型基金以稳健型产品居多，有 58 只；平衡型、积极型和保守型分别有 18 只、2 只和 1 只。

"相对于目标风险产品，目标日期产品的投资要简单些。投资者只要根据自己的预期退休年龄，选择在该时间附近到期的产品，之后的资产配置、动态调整等由产品管理人一站式完成即可。投资者如果决定投资目标风险产品，则需要结合自己的风险偏好、收入情况等，选择符合自身风险等级的产品。由于人们的风险偏好、收入情况是不断变化的，因此目标风险产品对投资者的投资能力和自我认知提出了更高的要求。

"鉴于此，**我通常建议那些比较'怕麻烦'的投资者考虑投资目标日期产品。但这不代表目标日期产品适合所有人。**"

"你说得很对，智富。"申泰接着说，"此类产品从某种程度上解决了个人投资者不善于长期资产配置，同时有惰性的问题。在退休时间给定的前提下，目标日期产品管理人在投资人生命周期内动态调整组合配置，为投资者提供一站式服务，比较适合'懒人'和不懂资产配置的人。

"但是，就像智富刚刚所说的，目标日期产品并非适合所有人。同样 2050 年退休的两个人，除年纪差不多外，可能风险偏好、收入情况都完全不一样。但是'2050 基金'并没有区分对待这两个人，提供的是同一个投资组合。

"另外，**目标日期基金的调仓比较机械，通常是按照预先设定的下滑轨道来调整仓位的**。调仓的一个基本假设是：债券和股票的相关性较低，债券的风险相对较低。因此，当投资者离退休越来越近时，须降低组合的风险——减少在股票上的配置，增加在债券上的配置。但这样的基本假设是有问题的，在一些情况下，通常是金融危机时，会发生'股债双杀'的情况。在美国 2008 年金融危机期间，股票和债券的相关性曾一度高达 0.8。在 2008 年，美国'2010 基金'平均亏损 22.78%，亏损最大的是奥本海默 2010 基金——亏了 41%（当年代表美国大盘的标普 500 指数跌了 37%）。也就是说，在 2010 年就要退休的人，积累了几十年的财富在退休前 2 年巨亏了 20%～40%。一些'2010 基金'持有了大量高风险高收益的债券基金，在金融危机期间这些债券基金的表现和股票的表现很同步——同步往下跳。"

"谢谢申博士的分享，"智富接着说，"中国的目标基金推出的历史较短，最初的一批是 2017 年推出的。针对目标日期产品和目标风险产品的深入研究还很少。目前此类基金的持仓以主动型为主，这意味着管理费用偏高。国内产品的下滑轨道设计上投资风格更趋稳健，非权益型基金持仓比例略高于 50%，权益部分持仓以偏股混合型、股票指数型为主[1]。在每个年龄段，中国的目标日期基金在股票上的配置比例都要比对应的美国基金要低。

"对于个人投资者，我们要综合自己个人和家庭的风险偏好、财富水平、退休时的其他收入来源等众多因素决定是否投资；如果投资，投资何种养老目标产品，以及每期投资多少金额。"

银行存款与银行理财产品

"我们再聊聊我熟悉的银行存款与银行理财产品。"智富说道，"中国的存款规模和银行理财市场都很庞大。根据中国人民银行的统计数据，截至 2022 年年底，中国居民存款金额达到 121.18 万亿元，《中国证券报》称，银行理财产品市场存续规模为 27.65 万亿元。

"虽然中国已有近 1 亿的个人投资银行理财产品，但有些投资者还错误地认为银行理财产品和银行存款产品都是银行发行的，理财产品的本金也应由银行'保证'或'兜底'。

---

1 数据出自中信证券于 2020 年 1 月 6 日发布的文章《目标日期基金：养老型基金产品的开路先锋》。

"2018 年 4 月，中国人民银行、银保监会、证监会和国家外汇管理局联合发布《关于规范金融机构资产管理业务的指导意见》（简称'资管新规'）。根据该规定：**'资产管理业务是金融机构的表外业务，金融机构开展资产管理业务时不得承诺保本保收益。出现兑付困难时，金融机构不得以任何形式垫资兑付。'**

"该规定于 2022 年 1 月 1 日正式落地。对于投资者来说，这意味着资管产品打破刚兑，今后不会再有保本保收益的产品。另外，大多数银行理财产品不再由银行本身发行，而由银行成立的理财子公司或合资理财公司发行。这些理财公司是和控股或参股银行（常称为'母行'）分开运行的，是具有独立法人地位的非银行金融机构。**某银行理财子公司发行的理财产品可以通过母行的渠道发行，也可以通过其他渠道发行。银行存款产品则由银行本行发行。**

"虽然银行理财产品 90% 以上是固定收益类产品，中低风险 (R2) 和低风险 (R1) 的产品居多，但**理财产品是非保本保收益产品，意味着不但公布的收益比较基准可能达不到，而且本金是可能会出现亏损的。**例如，2022 年 3 月和 11 月，理财市场出现两轮'破净'潮（产品累计单位净值在 1 以下）。虽然破净并不意味着产品到期时一定亏损，但不少理财产品到期时，投资者还是会或多或少蒙受亏损。

"反观银行存款产品要安全很多。目前银行存款产品包括活期存款、定期存款、定活两便、通知存款、大额存单、智能存款等类型。根据 2015 年 5 月施行的《存款保险条例》，**同一存款人在同一家银行的存款本金和利息合并计算的资金数额在 50 万元以内的，资金是完全安全的；超出 50 万元的部分，如果银行破产了，可能会有损失。**"

固定收益证券≠收益固定的证券

智富接着说："固定收益证券，常简称为'固收'，有时也被称为'债券'，是指非股权的任何可以产生固定（或经常性）收益的投资工具。固定收益证券是一大类重要金融工具的总称，主要包括国债、政策性银行金融债、央行票据、地方政府债券、公司债券、资产抵押证券、可转债等。

"虽然此类证券名字里有'固定收益'四个字，但其收益并非'固定'的。首先，**即使是无违约风险的国债，如果投资人没有持有到期，其实际投资收益率可能会和购买时的到期收益率相差很大**。其次，一些债券发行人，由于财务压力，无力按时足额支付约定的每期利息、到期的本金而出现违约。这时，投资人的实际收益率可能会远低于购买时的到期收益率，甚至有完全亏损本金的可能。"

申泰说："我插一句，刚刚智富提到到期收益率，不少人可能对固收相关的一些概念不太熟悉。我觉得有必要简单说一下几个重要概念，包括票面利息、本金、期限、到期收益率、可转换债券。

"**票面利息**是债券发行人向债券持有者定期支付的利息。

"**本金**，又称票面价格，为债券到期时债券发行人向债券持有者支付的金额。本金乘以票面利率等于票面利息。例如，2022 年 8 月，财政部发行 2022 年记账式附息国债（30 年期）。该债券的票面利率为 3.32%，每半年支付一次利息，每年 4 月 15 日、10 月 15 日支付利息。假设投资者购买了 1 万元的此债券，则每半年可获得利息：$10000 \times 3.32\% \div 2 = 166$（元）。

"**期限**指的是借款人许诺偿还全部债务的时间，通常用年数表示；有时也指债务到期的时间。例如，上面提到的财政部在 2022 年发行的 30 年期记账式附息国债，到期时间是 2052 年。期限很重要。首先，它直接影响债券的收益，即使其他所有条件都固定，债券的到期收益也可能会随着时间的推移（离到期日越来越近）而改变。其次，债券的波动性与期限密切相关。总体来说，期限越长，债券的波动性越大。有些债券是无明确到期日的，称'永续债'。永续债按期限划分一般有两种形式：无约定到期日，但债券发行人有赎回权；有约定到期日，但债券发行人有延期选择权。其中，赎回权是指债券发行人能在约定的时间内按照一定的价格赎回债券的权利；延期权是指债券发行人可以选择延长到期日的权利，但这常常伴随其他条款，如利率跳升。

"**到期收益率**是投资者购入并持有债券直至到期日所得的收益比率。投资者可以根据当时市场价格、本金、票面利率以及距离到期日时间，计算出到期收益率。到期收益率与债券的市场价格有一一对应、相反的关系。债券的市场价格越高则到期收益率越低，债券的市场价格越低则到期收益率越高。

"**可转换债券**是一种可以在特定时间、按一定转换比率转换为普通股票的债券。可转换债券在转换之前是纯粹的债券，但在转换成股票之后，原债券持有者就变成了公司股东，这在一定程度上会影响公司的股本结构。转股权是债券债券持有者享有的、一般债券所没有的选择权。正因为如此，可转换债券利率一般低于普通公司债券利率，企业发行可转换债券可以降低筹资成本。"

"固收+"可能是"固收-"

"谢谢申博士，"智富向申泰点了点头说，"我忽略了除了你和我在金融行业工作过，在座的其他人可能对一些金融术语不熟悉。

"既然谈到固收，那我就继续聊一类这两年较为火热的以投资固定收益证券为主的产品——'固收+'，包括固收+基金和固收+银行理财*产品。

"'固收+'其实是一种以投资固定收益证券为主，辅以其他策略——'+'的部分——力争在获取基础收益并控制风险的前提下追求较高收益的投资策略。

"'+'的部分会投资一些风险和收益都相对较高的资产或策略，以期获得更高收益。'+'可以分为'+资产'或'+策略'。'+资产'即在组合中加入股票、可转债、基金、多种资产、另类资产（如期权、期货、资产抵押证券等）；'+策略'则包括打新、量化对冲、管理期货、雪球结构等投资策略。

"由于'固收+'有固收类资产打底做'安全垫','+'的部分又能博取较高收益，不少投资者认为此类产品很安全，同时收益又会不错。事实上，**既很安全又有高收益的产品基本是不存在的。**

"我刚才提到在 2022 年银行理财市场出现过两轮'破净潮'。

"第一轮'破净潮'从 3 月开始，一直持续到 5 月才出现缓和迹象。这轮破净的理财产品约有九成都是'固收+'或混合类产品[1]。破净的主要原因是股票市场因美联储加息、俄乌冲突等黑天鹅事件而下跌，即'+'的部分大幅下跌导致产品净值破净。

"第二轮'破净潮'从 11 月开始。至 12 月，包括'固收+'在内的各种破净产品超过 6000 只，占比超过 25%。这一轮破净主要是债券市场的剧烈震荡造成的，即'固收+'中的'固收'部分出现大幅回撤。"

"哇，看来，'固收+'中的固收部分和'+'的部分都是有可能大幅回撤的。'固收+'如果碰到市场大幅震荡的情况是有可能变成'固收-'的！"雅琪摇了摇头说。

"是的，雅琪，"智富说，"虽然持有期破净并不表示产品到期或投资者赎回时就一定亏损；但还是有很多投资者投资的'固收+'产品在产品终止时亏钱了。"

业绩比较基准和实际收益

"很多产品都会提供一个业绩比较基准，如'3.9%'（**单一数值型**），或'在 3.8%~4.2% 之间'（**区间数值型**），或'税后活期存款利率'（**基准利率型**），或'沪深 300 指数收益率 ×85% + 中债总指数收益率 ×15%'（**指数或指数组合型**）。这些数字是公开透明的，但并不意味着产品结束时投资者就一定能够获得 3.9% 的实际收益，或至少获取业绩比较基准的下限，如 3.8%。

---

1 数据出自《证券市场周刊》2023 年 3 月 2 日刊出的《理财冲击压力最大时已过》一文。

"业绩比较基准和'预期收益率'不是一回事，和最终实现的'实际收益率'更是两码事。业绩比较基准是相对概念，可以作为预期收益率的参考值。

"但最近两年，不少银行理财产品的实际收益率达不到业绩比较基准（针对使用单一数值型和区间数值型业绩比较基准的产品）。原因有几个。

"第一，发行产品的金融机构通常是根据产品投资范围、投资策略、综合金融市场的历史表现和发行时的市场环境，或通过模拟，或根据某些预测模型和数字，而得出一个比较有可能实现的投资目标的。如果某产品主要投资的是股票和债券，正好碰到股市和债券市场大跌，实际的收益很可能会低于业绩比较基准。

"第二，资产管理行业竞争已经白热化。如果某机构产品的业绩比较基准显著低于其他机构同类产品的业绩比较基准，该产品可能销售业绩不佳，甚至会无人问津。因此，迫于竞争压力，一些公司有可能明知要实现和竞争产品一样高的业绩比较基准有挑战性，但只要不太离谱，就定一个差不多的业绩比较基准。

"第三，有些产品重仓投资某些证券，如不小心'踩雷'，有可能实际收益达不到预期。

"正因为这些原因，如果投资者仔细看产品相关材料，会发现类似的提醒语句：'业绩比较基准由产品管理人依据产品的投资范围、投资策略、资产配置计划，并综合考虑市场环境等因素测算……是管理人对产品设定的投资目标，不是预期收益率，不代表产品的未来表现和实际收益率，不构成产品收益的承诺。'

"当然，在市场情况符合预期或超过预期的情况下，实际收益是有可能达到甚至超过业绩比较基准的。总之，**业绩比较基准只能作为投资者在挑选产品时的参考依据之一，绝对不能当作收益承诺。"**

投资中的不可能三角

智富继续说："有关投资游戏规则，我最后还想提一点，即所谓的'投资中的不可能三角'。'**投资中的不可能三角**'指的是：**在投资中如果同时要求满足安全性、收益性和流动性，是不切实际的。**

"谁不想投资低风险、高收益、流动性又好的产品呢？很遗憾，这样的产品基本不存在。即使存在，也只能在特殊市场情况下短期存在。

"在现实中，**低风险的投资包括国债、政策性金融债、活期存款、货币基金、大额存单、定期存款等**。其中，国债、政策性金融债、活期存款、货币基金这些流动性高，而大额存单、定期存款[1]这些流动性低些。以无风险[2]国债为例，在 2023 年 3 月，新发行的 10 年期国债的到期收益率为 2.9% 左右——如果投资者持有该债券到期，每年的收益率为 2.9%。当然，投资者可以随时出售该债券（流动性好）。如果投资者在到期日前出售该债券，其收益率可能会高于或低于 2.9%。但 2.9% 的年化收益率在多数投资者眼中显然不是高收益。

"**高收益、高流动性的投资机会的辨别并非易事**。一般来说，股票的流动性好，长期的投资收益率较高。以沪深 300 指数为例，自 2005 年至 2022 年年底[3]，该指数的年化收益率为 9.65%。显然，投资该指数的长期收益要高于国债，但相应地，风险，特别是短期风险，也要高很多。2022 年该指数的收益是 −19.8%。

"**高收益、低风险的投资也很难找**。一个例子是在 1981 年 10 月发行的美国 30 年期国债，当时的持有到期收益率为 15.21%。也就是说，如果你持有该投资 30 年，年化收益率为 15.21%。但这样的投资是在美国

---

1 通常大额存单和定期存款是可以提前取出的，从这个角度看这两类投资产品的流动性也较高。但提前取出的金额不享受定期利率，而是按照取款日当天银行活期存款利率来计算利息。

2 即使是"无风险"国债也不是完全没有风险，当利率上行的时候，国债的价格是会下跌的。这里所说的"无风险"指的是无违约风险。

3 数据来源：万得。计算时间从 2005 年 1 月至 2022 年 12 月 30 日。

高通胀的特殊时期存在的，在 1980 年、1981 年两年，美国的年均通货膨胀率分别达到 13.5% 和 10.3%。如果考虑到高通胀，当时的 30 年期国债的实际年化收益率只有 4.45%。只是随后几年，美国的通货膨胀率快速回落，导致该国债的实际收益率很高。1981 年之后，美国再也没有出现过这么高的无风险收益率。

"'投资中的不可能三角'告诉我们一个简单道理：**我们要根据自己的风险偏好、投资期限、对收益的预期，在安全性、收益性和流动性这三者之间做个取舍和平衡**。比如，对于收益预期要求较高，投资期限长的投资者，可以选择投资大盘股，同时承担较大的风险。如果对收益预期要求极高，可以投资小盘股并承担更大的风险，也可以考虑锁定期较长的私募股权基金（舍弃了短期流动性）。再如，如果对流动性和安全性要求较高，但收益预期不高，可以考虑货币基金。

"作为投资者，我们都想既要、又要、还要。但就像人生的很多决策一样，投资决策要在多个维度的考量中做出取舍和平衡，而不是在不可能中寻找可能。"

"时间过得好快啊！又快到吃饭时间了，我一早就预定了一些外卖，手机显示还有 5 分钟就送到。大家起来放松放松。等吃好午饭后，我们再聊聊养老投资的工具、方式和习惯。"智富看了看手机说道。

第五章

实现有钱养老的投资工具、方式与习惯

大类个人养老金产品对比

众人吃好午饭稍事休息后继续聊。

智富说："我们前两天聊过。2022 年 11 月，个人养老金制度正式在中国 36 个先行城市（地区）启动实施。个人每年最多可以缴纳 12000 元用于投资个人养老金产品，实行完全积累制，按照国家有关规定享受税收优惠政策。

"个人养老金项目的参加人都需要开立两个账户——个人养老金账户与个人养老金资金账户，前者是政府端信息账户，后者是银行端资金账户。

"其中，**个人养老金账户**用于登记、管理个人身份信息，并与基本养老保险关系关联，记录个人养老金缴费、投资、领取、抵扣和缴纳个人所得税等信息。**个人养老金资金账户**与个人养老金账户绑定，为参加人提供资金缴存、缴费额度登记、个人养老金产品投资、个人养老金支付、个人所得税税款支付、资金与相关权益信息查询等服务。

"我之前说过，通过个人养老金账户投资，除了享受税收优惠，还能享受费率低和政府把关（帮助初步筛选机构与产品）的好处。

"目前可通过个人养老金资金账户投资的产品整体风险等级由低至高有养老储蓄产品、养老保险产品、养老理财产品和养老目标基金产品四类。养老储蓄产品即买即起息、本金收益有保证；养老保险产品可以更有效地应对长寿风险，实施稳健型和进取型双账户管理；养老理财产品兼具较高收益率和稳健性；养老目标基金产品能够平衡不同生命周期的投资选择，长期来看年化收益可能更高，但风险也更高。

"我强调一点：**我们应该通盘考虑自己的养老投资，每年最高投资额度为 12000 元的个人养老金账户只是我们养老投资拼图中的一块。我们还要考虑国家提供的基本养老金、部分人还有职业年金、自己拥有的其他各类有形和无形资产。**"

养老储蓄产品

智富继续说："个人养老金制度落地后不久，各大银行就推出了几百只养老储蓄产品[1]，期限 3 个月至 5 年不等，利率要显著高于普通定期存款产品。例如，某商业银行在 2022 年 12 月推出的养老专属 5 年期储蓄产品的年利率为 3.3%，而同一银行的普通账户的 5 年期整存整取利率只有 2.65%。别忘了，通过个人养老金账户购买养老储蓄产品的资金是可以抵税的，而通过普通账户储蓄的收益则须缴税。另外，养老专属存款也是由存款保险制度兜底的。因此，如果我们想投资安全性极高的资产，可以考虑养老储蓄产品。

"此外，在 2022 年 11 月 20 日，工、农、中、建四家国有大型银行在合肥、广州、成都、西安和青岛五个城市开展特定养老储蓄试点，试点期限为一年。

"特定养老储蓄产品包括整存整取、零存整取和整存零取三种类型，产品期限分为 5 年、10 年、15 年和 20 年四档，产品利率略高于大型银

---

[1] 国家社会保险公共服务平台提供不断更新的"个人养老金产品目录"。2023 年 3 月，有超过 400 多只养老储蓄产品。

行五年期定期存款的挂牌利率。特定养老储蓄产品每五年为一个计息周期，同一个计息周期内利率水平保持不变，每个计息周期的适用利率以该周期开始日的特定养老储蓄产品利率执行。

　　"相信今后越来越多的银行会推出更多的 5～20 年的长期养老储蓄产品。**该类产品可能会受到离退休较近的投资者或风险厌恶型投资者的青睐。此类产品也可以作为长期投资组合中的一类基础性配置资产。**"

养老保险产品

　　智富接着说："我们多数人对储蓄、理财和基金比较熟悉，但有不少人对保险产品缺乏足够的了解和理解。事实上，**保险产品，特别是养老年金保险，在帮助我们应对长寿风险方面具有独特的优势**。

　　"养老年金保险以生存为给付保险金的条件，按约定分期给付生存保险金，且分期给付生存保险金的间隔不超过一年。在实际操作中，养老年金保险有每年、每月给付等多种形式。养老年金保险根据保险期限的不同可以分为：固定期限给付（给付 10 年、20 年、30 年等）、终身给付（只要被保险人活着就能领取）、固定年龄给付（给付至 85 岁、100 岁、105 岁等）。有些产品会给被保险人选择权：在领取期，可选择定期（如 20 年）或终身领取。

　　"目前，我们可以通过个人养老金账户购买的保险还包括'两全保险'。两全保险是指在保险期内以死亡或生存为给付保险金条件的人寿保险。两全保险同时具有保障和储蓄功能，同时包括身故给付和生存给付两种给付方式，其身故保障功能与定期寿险、终身寿险类似，生存保险金则用于养老支出。

　　"养老年金保险产品采用'保证＋浮动'的收益模式。产品会提供两种投资组合供投资者选择：稳健型投资组合和进取型投资组合。**稳健型投资组合提供较高的最低保证利率，采用稳健的资产配置策略，以投资固定收益类资产为主，目标是提供长期稳健的增值服务。进取型投资组**

合通过提供较低的最低保证利率，可以容忍相对更大的波动，配置相对更高比例的风险资产，预期长期获得更高的投资收益，目标是提升养老资金的长期增长潜力。据《中国证券报》报道，2022 年，专属商业养老保险的稳健型投资组合账户结算利率在 4%～5.15% 之间；进取型投资组合账户结算利率在 5%～5.7% 之间。**结算利率是被保险人实际获得的收益，每个保单年度各投资组合的实际结算利率不会低于该投资组合的最低保证利率，但结算利率超过最低保证利率的部分是不确定的**。在提供收益的同时，部分产品还会提供身故或全残保障。

"投资者在交纳保费时可以选择一个或两个投资组合，并指定保费在各投资组合间的分配比例。投资者一般每年可以有一次转换投资组合的机会。

"养老年金保险不但可以帮助我们应对长寿风险，而且在某种程度上还能帮助我们'延年益寿'！

"我们一开始就说养老规划的目标是希望'人活着，钱还有'。事实上，**即使不考虑健康、生活习惯、基因、外部环境这些因素，更多的钱也能够让我们活得更久——'如果钱还有，我就会活得更久'**。讲个有趣的小故事。

"人类寿命最长纪录是由法国人珍妮·卡尔芒保持的。她于 1997 年8 月去世，享年 122 岁 164 天。1965 年，90 岁的珍妮签了一份协议，将自己的公寓卖给一位精明的财产律师拉夫弗雷。根据这份协议，只要珍妮还在世，拉夫弗雷就需每个月给她 2500 法郎；珍妮去世后，房子才归他。拉夫弗雷没想到的是，直到他 1995 年 77 岁去世时，珍妮还活着。拉夫弗雷的家人继续每月向珍妮支付 2500 法郎，直至她在 1997 年去世。拉夫弗雷及其家人总计向珍妮支付了近 100 万法郎，是珍妮公寓市价的两倍多。

"珍妮如此长寿有多种原因。她一生都很健康，85 岁的时候学习击剑，100 岁前还一直骑自行车。但可能还有一个经济方面的原因：这份协议让她有更多的动力、更强的渴望好好活下去。

　　"经济学家[1]研究发现，那些拥有终身年金保险（只要活着，就能享受年金）的人和不拥有此类产品的人相比，要活得更久。我们可以从经济学中的'动机'(incentive)的角度来理解这个现象。假设两种情况。第一，退休时，我拥有一份不错的年金，只要多活一天，就能多拿一天的年金。第二，退休时，我没有年金，但有一笔和支付到100岁的年金等值的财富。请问在哪种情况下，我更有'动机'活得更久？"

　　"我想是第一种情况，"慧娴回答道，"在第二种情况下，我多活10年还是20年，财富都不会增长。但在第一种情况下，我多活一天，就会多一天收入。我会更加努力好好活着。"

　　"就是这个道理。"智富接着说道，"一方面，预期寿命的增加需要我们准备更多的财富养老；另一方面，如果我们有更多的收入，特别是当收入和寿命挂钩时，我们就更有动力活得更久。"

养老理财产品

　　"我们之前聊过，银行理财产品90%以上是固定收益类产品，中低风险(R2)和低风险(R1)的产品居多。和普通理财产品相似，个人养老金账户提供的养老理财产品绝大多数也是固定收益类产品。但是，普通理财产品有很多是短期（如1年期）、封闭式产品。个人养老金账户提供的养老理财产品则突出了长期性的特征。目前所有个人养老金账户提供的养老理财产品都是最短持有期1至5年不等的开放式产品。大多数产品都是风险等级为R2的固定收益类产品，少数产品是风险等级为R3的混合类产品。

　　"例如，某银行理财公司发行了数只固定收益类养老理财产品，最短持有期限分别为365天、540天、720天和1080天，对应的业绩比

---

1 Philipson, Tomas J., and Gary S. Becker. "Old-age Longevity and Mortality-contingent Claims." *Journal of Political Economy* 106, no.3(1998): 551-573.

较基准（年化）分别为 3.70%～4.20%、4.10%～4.60%、4.40%～4.90%、5.25%～5.75%[1]。

　　"个人养老金账户提供的养老理财产品以固定收益类开放式产品为主是和监管的要求分不开的。根据银保监会的监管要求，**个人养老金理财产品的定位是：具备运作安全、成熟稳定、标的规范、侧重长期保值等特征**。在此定位下，绝大多数的个人养老金账户提供的养老理财产品的风险等级为中低风险和低风险，产品主要为固定收益类或混合类就不足为怪了。"

养老目标基金产品

　　"目前可投的个人养老目标基金产品均为以 FOF（基金中的基金）形式运作的养老目标基金。个人养老金资金账户可以购买的是基金公司专门设置的 Y 类基金份额。相比通过普通账户购买的一般份额，Y 类基金份额在管理费、托管费等方面享受很大优惠。我们之前已经详细讨论了目标日期基金和目标风险基金，这里就不再赘述了。"

如何挑选产品管理人

　　智富接着介绍："我们之前聊过，在美国等成熟证券市场，主动管理基金要想长期打败被动管理基金是非常困难的。以主动管理而闻名于世的巴菲特给他太太留的信托有 90% 的资金投资了低费率的先锋标普 500 指数基金，10% 投资了无风险的美国短期国债。

　　"巴菲特认为：'诀窍不是选择合适的公司，关键是通过标普 500 指数（基金）购买所有大公司，并始终如一地以非常非常低的成本进行投

---

1 数据出自《证券时报》2023 年 2 月 12 日发布的《首批个人养老金理财产品发布！四类产品同台竞技，有何打发，如何选择？》一文。

资……投资成本真的很重要，如果回报率能达到 7% 或 8%，而你要支付 1% 的费用，这将对你退休后的财富产生巨大影响。'"

"但中国证券市场中像我这样借钱盲目炒股的人比比皆是。"雅琪说道。

"是的，雅琪，"智富回答道，"我们在讨论指数基金与指数增强型基金时说过，中国的投资者以散户居多，非理性的波动时有发生，机构也具有明显的信息和资源优势。因此，中国的机构投资者获得超额收益会更容易些。"

"那我们怎么才能找到能力强的基金或银行理财产品的管理人[1]呢？"慧娴问道。

看人品

"在看能力之前，要先看人品。"智富说，"这一点我深有感触。几年前我们银行私行部代销了一家基金的产品。在代销之前，我的几位同事按照流程，做了很正规的尽职调查：先问卷调查，然后上门走访、面谈，然后决定将该基金添加到我们银行的'白名单'中。说句实话，我们调查更多注重的是业绩（回报率、波动性、回撤等），虽然也会关注核心人员的稳定性、公司的股权结构，但很少做非常深入的背景调查。

"但很遗憾，在产品正式运行后没几个月，该基金的两位主要合伙人公开'打架'，相互揭短，导致该基金在一段时间内无法正常运营。虽然我们的投资者在该产品上没有亏钱，但作为代销机构，此事件给我们银行、特别是我管理的私行部的声誉造成了负面影响。

"经过此次教训后，我们部门对外部管理人的尽职调查的方式、范围和程序都做了重大调整。**我们现在做尽职调查，实施'人品'一票否决制**。我们会花心思接触被调查机构核心人员以前工作单位的领导、同事

---

1 由于基金产品和理财产品的管理人的选择方法基本一致，为方便起见，这里以基金产品代表所有资产管理类产品。

和下属，打探此人为何离职；我们会从社交媒体、相关网站和机构中收集有关此人的各种信息。如果发现此核心人员在品格上有重大瑕疵，我们就不会投。

"投资专家、'资本配置'（Capital Allocators）博客创始人泰德·西德斯 (Ted Seides) 在《聪明的基金经理：世界顶级基金经理如何管理和投资》一书中谈到他做背景调查最喜欢的一种方式就是和该投资经理的前行政助理交谈。对方越是没有光鲜的头衔，越能提供更客观的信息。他曾经打电话给一位基金经理的前女友。虽然前女友不欢迎这样的电话，但是她的看法让西德斯最终决定投资该经理。"

"哈哈，有意思。看来，大家都要对前任好些！"雅琪插话道。

"调皮！"智富接着说，"巴菲特喜欢说他用人看三点：智慧 (intelligence)、主动性或活力 (initiative/energy)、正直 (integrity)。其中正直是最重要的。如果没有正直，前两个特质会杀了你。

"如果说业绩和风控反映了'智慧'，是否积极参加路演、是否及时回复微信 / 电话 / 邮件这些反映了'主动性或活力'，**那什么样的信息能反映'正直'呢**？

"**首先，看个人和公司主动提供的资料，包括公司网站。**我自己的一个简单判断法则是：名片上的头衔越多，此人可信度越低；如果某人将曾经的头衔和经历夸大使用或一直使用，那么此人可信度低；公司网站上或宣传材料中展示的和政要名流的合影越多，此公司可信度越低。我曾经碰到一个人在名片上写'某某大学教授'，一问发现原来他不过是多年前在该学校上过一门课而已，根本不是教授。正确的说法是'曾经在某某大学当过一学期的兼职老师'。

"**其次，做深入的背景调查。这里的背景调查不是针对产品的，而是针对核心人员个人的。**

"作为个人投资者，我们可以：访问管理人的网站，了解管理人的投资哲学、价值观、企业文化；参加管理人的路演，从宣讲人的言行举止和路演材料研判该机构是否夸大过往业绩和策略有效性（如只挑选1~2只历史业绩好的产品或近期最赚钱的策略来展示）；网上搜索该管理人管理的所有产品（不单单是正在销售的产品）的历史业绩，核心人员的相关信息（是否牵涉重大法律诉讼，在多少家公司任职/兼职/持股等），核心人员过往的一些言论和访谈，等等。

是否跟投

　　智富接着说："投资者和基金管理人之间的关系是'委托人—受托人'的关系。基金应以投资者利益为先，并为投资者提供专业的投资服务。但基金公司作为一家营利性机构，为其股东创造利润又是其存在的经济目的。基金公司的净利润每增加一块钱，就意味着基金投资者的账户资金减少一块钱。

　　"这是经济学中典型的'委托人—受托人'问题。解决这个问题的方法之一是让基金管理人从受托人变为委托人，即让基金管理人购买自己管理的基金，成为自己基金的投资者。如果基金管理人愿意花巨资购买自己的产品，让自己的经济利益和基金业绩深度挂钩，那么其不顾投资者利益，为自己谋私利的动机会小不少。

　　"我国的监管层显然意识到了这个问题的重要性。2022年6月，中国证券投资基金业协会正式发布《基金管理公司绩效考核与薪酬管理指引》。该文件明确建议：'严格禁止短期考核和过度激励，建立基金从业人员与基金份额持有人利益绑定机制'，'高级管理人员、主要业务部门负责人应当将不少于当年绩效薪酬的20%购买本公司管理的公募基金，其中购买权益类基金不得低于50%，但是公司无权益类基金等情形除外；基金经理应当将不少于当年绩效薪酬的30%购买本公司管理的公募基金，并应当优先购买本人管理的公募基金……'

　　"现在，市场会时不时地传出某基金经理大额资金跟投自己管理的基金的消息，跟投金额从几百万元到几千万元的都有。"

"智富，我是做人力资源的，绩效考核是我的长项。"慧娴笑着说，"如果所有的基金经理都被要求购买本人管理的基金，这样的跟投除了可以在宣传中吸引投资者，实际对基金经理的约束力有多大值得怀疑！"

"不愧为专家！"智富竖起大拇指说，"确实，如果人人都或多或少地跟投，那跟投的象征意义可能要大于实际意义。另外，**基金经理和一般基金份额持有人的投资期间、持仓盈亏、税收和个人的风险偏好可能很不一样**。在这样的情况下，基金经理即使重仓持有自己管理的基金，其做出的投资决策也未必符合一般投资者的利益。

"因此，我们不能仅看基金经理是否跟投或跟投多少，还应对基金经理的投资期限、持仓盈亏等做出综合研判。"

管理规模不能太小

"基金的规模也是一个重要考量因素。"智富接着说，"一般来说，管理规模不能太小，也不宜太大。如果某只基金规模太小，那么基金公司运作该基金可能是亏本的。如果规模长期上不去，成本高、收入少，公司可能会停止该基金的运作，走清盘流程。

"清盘不是说投资者的钱没了。在清盘前，投资者还是有时间自己赎回的。即使开始走清盘流程，管理人也会在清盘日前变现（停牌股票除外），把资金归还给投资者。

"但清盘对于投资者来说，即使账面上最终不亏钱，也是要付出时间成本的。另外，基金规模小还会导致单位基金份额承担的固定费用高。基金运营是有成本的，如审计费、律师费、营销费、信息披露费等。其中的一些费用不会因基金规模小就少很多。基金规模越小，费用分摊到单位份额的比例就越大。

"因此，我不建议大家投资规模太小的公募基金，如小于 2 亿元规模的。"

"明白了，老叔。但您刚才还说基金规模也不宜太大，那又是为什么啊？"雅琪问道。

管理规模不能太大

"很好的问题。"智富说，"我先说说指数基金。很多人认为指数基金只是单纯复制指数，规模大小应该不影响基金业绩。其实不然！太大规模的基金在应对大额赎回、指数成份股调整时调仓灵活性相对较低，从而可能导致较大的跟踪误差。

"对于主动管理的基金来说，首先，如果该基金投资比较集中（如一二十只股票），规模大可能会导致在某些市值较小的股票上的持仓超过5%。按照监管要求，投资者及其一致行动人拥有权益的股份达到一个上市公司已发行股份的 5%，应当在 3 日内向证监会、交易所提交书面报告，通知该上市公司。这可能会给基金的运作带来不必要的麻烦。

"其次，更为重要的是，在任何一个时间节点，赚钱的机会都是有限的，基金经理和研究人员的精力也是有限的。因此，当基金达到一定规模后，当没有太多额外的市场投资机会时，进一步加大规模反而会导致收益预期下降。这时，有良知的基金会停止新客户的基金申购。而那些一味追求公司利润的基金则会继续放开基金的申购或发行新的同类产品。

"我给大家出个难题啊！假设某基金现在的管理规模是 10 亿元，包括投资经理在内的基金高管跟投了 3000 万元。在过去一年该基金业绩优异，在同类基金中排名第一，如果公司现在决定加大宣传，估计能轻松将规模扩大到 50 亿元。但基金经理和研究团队经过深入研究分析后认为，10 亿元就是该基金的最佳规模。在此规模下，长期预期收益大约为15%。如果规模增加到 50 亿元，长期预期收益则会下降到 10%。假设基金公司收取 1% 的管理费，如果你是该基金的总经理，你会对外宣布停止新客户的申购，还是加大宣传，让规模达到 50 亿元？"

"我会选择宣布停止新客户的申购。因为基金高管跟投了 3000 万元，收益从 15% 下降到 10%，每年高管个人的投资收益会少 150 万元

（=3000 万元 × 5%）。我虽然钱多，但也不傻啊！"雅琪说。

"我不同意你的观点。"很久没说话的子安说，"如果从个人利益最大化的角度来看，我会选择扩大基金规模。如果规模从 10 亿元上升到 50 亿元，基金每年会多出 4000 万元的管理费（= 40 亿元 × 1%），作为高管，多拿的奖金可能会远超过 150 万元。"

"太棒了！雅琪、子安，你们分析得都很好，凸显了基金所处的困境：是将基金客户的利益放在第一，还是将基金股东和高管的利益放在第一。

"好的管理人会将客户的利益放在第一。几年前，一位公募基金的经理因认为自己管理的产品大概率不能赚钱，而公开建议'有其他投资渠道的客户赎回'。虽然我不赞同该经理传递信息的方式，但不得不说该经理还是有良知的。在金融职业道德规范中有一条重要规范是'客户至上'。客户至上，是指从业人员的职业活动应一切从投资人的根本利益出发。如果明明认为今年大概率不能赚钱，我还会一声不吭，继续赚取旱涝保收的管理费，养肥自己吗？这能算是'客户至上'吗？

"大卫·史文森特别推崇美国的东南资产管理公司（Southeastern Asset Management）。该公司的一个基本的管理原则就是：'**如果我们的规模开始限制我们管理投资组合的能力，或者如果关闭基金能够有益于现有的投资者，我们就会考虑向新投资者关闭基金。**'公司是这么说的，也是这么做的。在该公司的旗舰基金长叶合伙人基金存在的 30 多年中，该公司数次暂停了这只旗舰基金的申购。

"东南资产管理公司的另一个原则是：'**做一个长期投资者是不够的，你还必须有一个长期思考和行动的客户群体。**'早在 1998 年，该公司就采取行动'驱赶'短线投资者。在该公司当年的年报中写道：'在 1998 年，我们与第三方清算公司和过户代理紧密合作来识别择时交易者。我们已经整理出了一长串投资者和顾问的名单，他们将被禁止交易我公司的任何基金。一个投资期限少于 3 年的个人投入的资金不会使我们的投资合伙人受益。'注意，他们将基金持有人称为'合伙人'，而不是普通的投资者。"

"这公司好牛啊！"众人叹服道。

低费率

"牛的还不仅仅是这些！"智富接着说，"在同一份年报中，该公司明确指出**'低费率、无附加费最符合基金持有者利益'**，并决定'我们不会提高或增加费用'。不但不提高费用，该公司有时还会做出降低费用的惊人举措。2003 年 9 月，长叶合伙人基金宣布将 25 亿美元以上资产的年度管理费从 1.5% 降低到 1.25%，以表明'与我们的合伙人分享规模经济带来的一些成果是公平合理的'[1]。

"无论是主动管理基金还是被动管理基金，费率都是决定长期业绩的重要因素。我们之前讨论过，**对于跟踪同一指数的不同指数基金，由于投资差异化很小，往往管理费的差异直接决定了长期业绩的好坏！**"

指数基金的跟踪误差要低

智富继续讲解："我们衡量指数基金的一个重要标准是'跟踪误差'。跟踪误差是'跟踪偏离度'的标准差，反映跟踪偏离度的波动情况。而跟踪偏离度则是指基金收益率与业绩比较基准收益率的差异，也就是基金份额净值涨跌幅和对应指数涨跌幅之差。

"如果单从数字上来看，中国的股票指数基金往往能跑赢指数。原因是中国的指数默认不考虑股票分红，分红除权导致股价下跌，从而带动指数下跌。而基金是会收到实实在在分红的，所以净值不会因分红除权下跌。

"在过去，即使是股息率比较低的指数基金，长期来看，也有很多因打新增加收益而跑赢指数。但在全面注册制时代，打新不再是'躺赢'

---

1 史文森在《非凡的成功：个人投资的制胜之道》一书中详细讨论了东南资产管理公司的运作模式。

的策略，对新股的定价能力和独立判断将决定基金打新的收益。

"无论如何，指数基金的投资目标是希望取得与指数基本一致的收益，基金的跟踪偏离度和跟踪误差都应尽可能小。例如，某大型交易型开放式指数基金的投资目标为'紧密跟踪标的指数，追求跟踪偏离度和跟踪误差的最小化'。"

一种有效的长期投资方式

定期定额

看着众人充满求知欲的神情，智富继续说："假设我们设定了理想的资产配置方案，明确了要投资哪些标的，做好了每期的预算。下一步要解决的问题就是：作为个人投资者，我们应该如何有效地长期投资？

"我常推荐的一种方式是定期投资，简称'定投'。我想大家对定投都不陌生。我们每个月单位和个人缴纳的'五险一金'其实就是国家通过法规的形式强制要求个人进行的定投。其实，还房贷也是一种定投：每个月，在固定的日期，我们会还固定的金额。坚持'定投'几十年后，房子就完全归我们了。

"那定投究竟有何实际效果呢？在回答这个问题前，我们先看一个例子：假设你打算每年定投指数产品 1 万元，两个可供投资的产品在未来 5 年内的价格如下表所示，你会选择哪个产品进行定投？

产品 A、产品 B 未来 5 年价格　　　　　　　（单位：元）

	第一年	第二年	第三年	第四年	第五年
产品 A 价格	100	80	60	80	100
产品 B 价格	100	108	116.64	125.97	136.05

"很显然产品 A 的表现很糟糕：五年当中有两年是大亏的（第二年亏了 20%，第三年亏了 25%），第五年产品价格才回到第一年的起始价格。而产品 B 的表现则很亮眼：价格每年都稳定上涨 8%。"

"肯定是产品 B 啊！还用说？老叔！"雅琪说。

"哈哈，错！我就知道你会选择稳定增长的产品 B 进行定投。但事实上，如果每年年初的时候定投 1 万元在产品 B 上，五年后投资者的总资产为 58666 元。而如果定投 1 万元在忽下忽上、五年不见涨的产品 A 上，五年后的总资产则为 61667 元。

"为何投资每年都增长 8% 的产品 B 不如投资 5 年不涨的产品 A 呢？

"根本的原因在于：**定投时，当产品价格下降，购买的份额会变多。当指数恢复上涨时，有更多的份额在'发力'赚钱！反之，当产品价格不断上涨时，每次定投时购买的份额会减少。**对比产品 A 和产品 B，在这五年间，每年定投 1 万元，总计购得 616.67 份额产品 A；而 5 万元仅购得 431.21 份额产品 B。虽然产品 B 的价格五年中从 100 元涨到 136.05 元，但因为所购份额显著少于产品 A 的，五年后，投资者定投产品 A 的回报要高于投资产品 B 的。

每年年初定投 1 万元，产品 A、产品 B 每年可购买份额、总份额、总市值

	第一年	第二年	第三年	第四年	第五年
年初产品 A 价格（元）	100	80	60	80	100
每年 1 万元所能购买的产品 A 份额	100	125	166.67	125	100
每年末产品 A 总份额	100	225	391.67	516.67	616.67
每年末产品 A 总市值（元）	10000	18000	23500	41333	61667
	第一年	第二年	第三年	第四年	第五年
年初产品 B 价格（元）	100	108	116.64	125.97	136.05
每年 1 万元所能购买的产品 B 份额	100	92.59	85.73	79.38	73.50
每年末产品 B 总份额	100	192.59	278.33	357.71	431.21
每年末产品 B 总市值（元）	10000	20800	32464	45061	58666

"这个简单例子显示：**当市场波动大的时候，定投可能给投资者带来**

更高的收益。相比成熟市场股市，中国股市的波动率较大。如果投资者在 2008 年年初投资沪深 300 指数并一直持有至 2022 年年底[1]，很遗憾，他的投资回报是负的。在假设没有任何税费的情况下，在投资了 15 年后，他总计亏了 4.09%。但如果他自 2008 年起，每年年初的时候定投 1 万元，总计投资 15 万元，在同一期间，他的总回报率是 44.1%。

"虽然 15 年总回报率为 44.1% 算不上什么，但别忘记两点。第一，我特地选择了 2008 年这一年来做演示。这一年股市暴跌了 65.6%。也就是说第一笔 1 万元投下去一年之后只剩下 3439 元。作为投资者，你能否坚持投资将会决定你长期的财富积累。第二，我的计算依据的是指数本身的表现（已经包含了分红）。中国的纯指数基金往往能打败指数，因为它们能够利用打新股等操作来增厚收益。而中国的指数增强型基金也往往有超额收益。例如，在 2013—2022 年，沪深 300 指数的年化收益率为 6.65%，而被动股票指数基金的平均年化收益率为 7.1%，增强型股票指数基金的年化收益率为 8.7%。因此，如果投资者定投指数基金或指数增强型基金，在 2008—2022 年，大概率会有超过 44.1% 的收益。

"**能否成功利用市场的波动来增强长期收益的关键是：当市场行情下跌时，我们是坚持定期投资，还是心生怯意，不再投资，甚至是要卖出**？

"在现阶段，个人养老金年度扣除额度为 1.2 万元。对于个人养老金账户来说，一个可以考虑的很自然的投资策略就是：每月定投 1000 元在选定的产品上。

"定投的另一个好处就是避免了'择时'。我们之前也讨论了，很少有人能够长期准确地判断出市场的短期走势。很多时候，择时给投资者带来的是负收益。"

---

1 沪深 300 指数在 2007 年 12 月 31 日的点位为 5338.28；在 2022 年 12 月 30 日的点位为 3871.63。数据没有考虑成份股的分红。如果考虑分红，在 2008—2022 年，沪深 300 指数下跌 4.09%。数据来源：万得。

定期定比例

　　智富顿了一下，继续说道："定期定额定投虽然很适合个人养老金账户，但该投资方式还是有缺陷的。最大的问题就是今天投1000元和10年后投1000元的购买力是不一样的，同等金额的购买力会随着时间的推移而下降。而且，个人的收入一般会随着年龄的增长而增加，特别是在事业起步阶段至成熟阶段。如果是定期定额投资，投资金额占个人的收入比例会越来越低，长此以往，很可能会造成投资不足。因此，我们可以考虑另一种定投：定期定比例。

　　"每个月，我们将税后收入的一定比例，如30%，用于投资。当我们的收入涨了，投资金额会随之上涨。实际上，我们缴纳的五险一金就是一种定期定比例的定投。"

定期增比例

　　智富继续说："但定期定比例也不是十全十美的，像雅琪这样刚刚进入职场的人，可能在工作的前几年，根本做不到将收入的30%用作长期投资。

　　"这个也好办。我们可以在刚开始工作时，投资收入的15%，之后每涨一次工资，投资比例就增加2%，最终达到并稳定在30%。

　　"等会儿我在谈如何养成好的投资习惯的时候，会介绍'多存钱，为明天'计划。该计划就是一种基于心理学原理的定期增比例的投资计划。"

定期 + 市场判断

　　智富往下说："还有一些定投方式结合了投资者对市场的判断。基本思路是：如果市场下跌，定投的金额会增加；跌得越多，投得越多。包括：'慧定投'——基于均线的定投；'价值平均策略'——基于市值的定投；'估值策略'——基于估值的定投[1]。

---

1 有兴趣的读者可参阅银行螺丝钉的《定投十年财富自由》一书。书中详细讨论了这三种'定期不定额'的定投方法。

"无论我们采取哪种方式，**定投的核心是有'定力'，长期投资：无论市场是涨是跌。**"

为实现有钱养老而行动——如何养成好的原子习惯

智富继续说："我们这两天聊了很多：从实现有钱养老的六大法宝，到认清现在的你（家庭当前的净资产和收支），到成就未来的你——从养老目标的确定，到制订预算，到投资的六原则，到大类投资产品对比和如何挑选产品管理人，最后到一种有效的投资方式。这些对我们实现有钱养老的目标都很重要，但光是了解相关知识还不够，我们还要付诸行动。

"我们常说'知识就是力量'。但我认为知识本身不是力量，只有将知识运用于实践当中，知识才能转化为力量。我们有明确的目标——有钱养老，我们有实现目标的法宝和实战指南，剩下的就是要养成为实现养老目标而行动并长期坚持的好习惯。"

今天急不可耐的我

"说得太好了，我要把这句话记下来！"雅琪边鼓掌边说。

申泰说："如果不考虑代际传承，我们为养老而做的投资应该是我们一生所有投资中最长期的。很遗憾，我们多数人更愿意满足当下的欲望，而不愿做对自己长远有利的事。当我们面临的是即时消费，比如花1000元大吃一顿，还是将这1000元用作养老投资的选择时，不少人会选择前者。因为养老那是几十年以后的事情，而消费的快乐是可以即刻感受到的。"

"感谢申泰，你说得太好了！"智富说，"很多人为养老做的储蓄和投资远远不够。我们今天多花1元钱在投资上，就意味着当前的消费少

1 元钱。今天急不可耐的我更喜欢现在就花钱享受，哪怕这让未来的我没有更多的钱可用于消费。虽然我们也认同多储蓄、多投资对自己是件好事，但随着时间推移，当未来变成当下，我们又急不可耐地选择了消费而不是投资。

"像雅琪这样的年轻白领可能会对自己说：我保证明年不再乱花钱，多存些钱。但当明年变成今年的时候，她又忘了去年的承诺——我退休还早着呢！这个限量版的包包真是太漂亮了！现在不买，今后就买不到了，我明年一定开始存钱投资……"

"老叔，您别拿我开涮了！我向您保证今后一定节俭＋存钱！"雅琪红着脸说。

"好，不开玩笑了。"智富笑了笑，"不管怎样，对于绝大多数人来说，坚持存钱投资不是能不能的问题，而是愿不愿意、有没有毅力坚持的问题。

"我们普通人如何克服即时倾向，实践对未来的我的承诺呢？单单靠自律对很多人来说是很痛苦的，也可能不会长久坚持下去。

"如何养成好的习惯来帮助我们早日实现有钱养老呢？詹姆斯·克利尔 (James Clear) 在其全球畅销书《掌控习惯：如何养成好习惯并戒除坏习惯》（*An Easy & Proven Way to Build Good Habits & Break Bad Ones*）中指出：习惯是改变自我的一种'复利'。从长远看，每天因好习惯改变一点，日积月累，我们就会经历巨大的变化。

"我们之前在讨论复利投资的时候说过：时间越长，财富在复利的作用下积累得越快。想想荷叶铺荷塘的故事。习惯也是一样，因习惯带来的细微改变通常在达到某个临界点之前都不为人所觉察，直到你坚持、再坚持，最终跨过临界点，你才发现一片新天地。

"克利尔认为**养成习惯的过程可以被拆分为四个步骤：提示 (cue)、渴望 (craving)、回应 (response)、奖赏 (reward)。**

"**提示促使你的大脑下达行动指令，并提醒你可能获得的奖赏。**

"**渴望是所有习惯背后的动力。**少了动力就没有了行动的理由。你渴望的不是习惯本身，而是习惯带来的状态改变。我和子安跑马拉松不是为了跑而跑，而是为了长跑后带来的身心愉悦感。

"**回应是你形成习惯的实际行动。**回应会不会发生，取决于你受到多少激励，以及回应面对的阻力有多大。倘若某个行为所耗费的体力或脑力过多，你可能就不会去做。此外，回应会不会发生也取决于你的能力。

"最后，**回应会带来奖赏。奖赏是每个习惯的目标。提示关乎察觉到奖赏，渴望关乎想要奖赏，回应则关乎取得奖赏。**

"这四个步骤缺一不可。没有提示，习惯根本不会开始；没有渴望，就没有足够的动机去行动；行为过于困难，就没办法回应；而若是奖赏未能满足欲望，未来就没有理由再做一次。少了前三个步骤，行为不会发生；少了第四个步骤，行为不会被重复。这四个步骤合在一起，形成了一个神经学上的反馈回路，最终让你养成自动化的习惯。

"克利尔在四步骤的基础上提出了'行为改变四法则'：1）提示——让提示显而易见；2）渴望——让习惯有吸引力；3）回应——让行动轻而易举；4）奖赏——让奖赏令人满足。"

提示——让提示显而易见

"老叔，能不能具体说说呢？"雅琪问道。

智富说："任何习惯都是有功效的，包括坏习惯。就像吃垃圾食品，我们多数人都清楚吃垃圾食品对身体有害，但我们还是时不时地吃，为啥？因为垃圾食品好吃、方便。如果垃圾食品食之无味，或吃起来很不方便，又对身体有害，还会有人吃吗？同样，有人特别喜欢逛街购物，买很多不需要的东西。为啥？购物能够解压，能够放轻松心情。

"我们通常根据习惯的长期功效来判断其是好是坏。例如，长期超出自身能力的高消费将导致财富积累严重不足，甚至会资不抵债。反之，如果我们坚持存钱投资，虽然我们不得不推迟当期消费，但长期来看，我们会更早实现养老自由。坏习惯的即时功效通常不错，而最终的功效则很糟糕甚至是致命的。好习惯正好相反，即时功效往往让人不爽，但最终的结果却很美妙，如实现了有钱养老。

　　"喜欢坏习惯的往往是现在自制力不强的自己；而喜欢好习惯的是未来更理性的自己。我们在采取行动、培养习惯之前最好**让未来更理性的自己问现在的自己：现在怎么做才会对自己和家人长期的幸福生活有利？**从实现有钱养老的角度，这个问题很容易回答：**早投资、多投资、长期投资。**

　　"事实上，研究发现如果'未来的我'和'现在的我'能够'联系'上，我们现在会将更多的钱用于投资养老。美国西北大学和斯坦福大学的几位学者利用计算机帮实验参与者画出他们 70 岁的画像，并通过沉浸式虚拟现实硬件和交互式决策工具，让参与者可以和 70 岁的自己进行'交流'。

　　"参与者被要求，想象自己得到了 1000 美元的意外之财，他们有四种方式来处理这笔钱：为心中特殊的人买件好礼物；投资于退休基金；办一场有趣而奢侈的聚会；把它放在活期存款账户中。那些看到了自己 70 岁时头像的人，平均投了 172 美元在退休基金里；而那些没有看到自己年老时头像的人平均只投了 80 美元在退休基金里。"

　　"好有意思的研究啊！智富，但我们总不能将电脑制作的自己七八十岁时的头像打印下来贴在冰箱上，时刻提醒自己要注重养老吧？"慧娴打趣地说。

具体的行动计划

　　"这其实是个好主意，如果可能的话。"智富笑着说，"养成习惯的第一步是给自己一个显而易见的提示，这个提示往往是能吸引你注意力的提示。而这个提示就是能够帮助养成习惯的线索。如果能在冰箱上贴一张自己 80 岁时白发苍苍的大头像，还真是个好主意。

　　"但这还不够——你看，在研究中，那些看到自己年老头像的人也只不过将 1000 元中的 172 元投资于养老——我们需要一个**具体的行动计划——我们何时何地采取什么行动**？

"例如，每个月的第一个交易日下午 1 点前，我将通过个人养老金账户投资 200 元于养老储蓄产品，投资 300 元于养老保险产品，投资 500 元于养老理财产品；通过个人证券账户投资 2000 元于沪深 300 指数基金，并在手机日历中做好提示。

"行动计划必须具体：我们不能说'我决定今后每个月多存钱'，这么说等于空话。但如果说'每个月我收到工资到账的短信，我就会立刻转 1000 元到股票账户购买沪深 300 指数基金'，这就很具体，也会更加行之有效。"

习惯堆叠

智富接着这个话题："克利尔还介绍了另外一个行之有效的好方法叫'习惯堆叠'（habit stacking），就是将新习惯和旧习惯配对：将你想要的行为和你已经在做的事情联系起来。为了达到最佳效果，新旧习惯最好同频。什么意思？如果你想每个月投资一次，那和这个新习惯挂钩的旧习惯最好也是每月一次，如还房贷，或每月工资到账后手机上查卡上余额。如果你想每周投资一次，那与之挂钩的习惯最好也是每周一次，如去超市购物。

"对于一般人来说，一个月投资一次的频率是合适的。一个帮助我们建立好的养老习惯的提示就是将每个月用于养老的储蓄与投资，和当月的工资或房贷'堆叠'，就是每个月拿到工资的当日就将规划好的用于养老的资金立刻转到养老投资账户。或者每个月还房贷前一日，先将用于养老的资金投出去。别忘了，储蓄和投资是第一笔和最重要的一笔'开支'，在确保了这笔'开支'后，剩下的钱才用来还房贷。我以前每个月 20 日还房贷，我在 19 日会将当月房贷资金转到贷款账户，但在转之前，我会将用于养老储蓄和投资的资金先转到对应的几个账户。同样地，我在两个孩子每个学期的第一天都会帮他们存一笔未来教育基金。

"还款日、工资日和上学日这些'提示'显而易见。另外，我们要**做到在'当前投资'，而不是'今后再说'**。

"两位学者研究了近 300 位印度农民：请他们在 6 个月内为孩子教育开设一个银行账户并存入至少 5000 卢比。如果他们能够做到，实验者将提供一定的物质奖励。其中部分农民是在 6 月被告知的，对于这些人来说，截止期限是 12 月。其余的农民是在 7 月被告知的，对于他们来说，截止期限是第二年的 1 月。所有农民都可以选择零成本零资金立刻开户（6 月或 7 月），只要在截止期限前存上 5000 卢比就好。

"结果让人震惊：对于截止期限是年底的那组农民，他们有 32% 的人选择了立刻开户；而对于截止期限在来年 1 月的农民，只有 8% 的人选择了立刻开户。最终，截止期限在年底的农民当中，有 28% 的人完成了存款 5000 卢比的任务；而另一组，只有 4% 的人完成任务。

"这项实验给我们的启示就是，**要养成好的投资习惯，投资时间的选择很重要**。多数单位的工资是在每个月的下旬发放的。一个很自然的时间节点就是月底。我们可以设置每个月在月底前定投工资的一定比例，如 20%。再如，**我们可以在每年自己生日当天购买一定数额的养老产品，而且每长大一岁，投资额可增加一些，如增加 5%**。这样的选择和决定很自然，每过一次生日，我们离退休更近一年，通常收入也会上涨一些，我们应该有能力多投一些。"

新开始效应

"智富，我的一位前同事就在每年生日当天购买养老产品。一方面，在生日当天，不少产品会有额外的折扣；另一方面，过生日了，长了一岁了，他将这个看成是个'新的开始'，要在养老投资方面重塑自己。"申泰说道，"宾夕法尼亚大学心理学教授凯蒂·米尔科曼在她的书《掌控改变：从想要改变到真正改变》中详细讨论了'新开始效应'(fresh start effect)。

"新的开始可以是时间上的，如新年、春天的开始、暑假的第一天、周一、生日、学期第一天等；也可以是身份的转变，如从学生变成职员、从经理变成高级经理、从单身变成已婚、从租客变成自己拥有房产、从成人变成父母等。如果我们能将好习惯的建立和这些新开始联系起来，行为的改变可能会变得更容易。

"米尔科曼教授和她的合作者在一项研究中发现，鼓励员工在下一个生日或初春开始为养老投资的邮件，要比鼓励员工在随意的未来某日开始投资的普通邮件有效率高 20% ～30%。通过提醒人们即将有个全新的开始，我们能够让改变更具吸引力。"

"博士就是博士！上升到了理论的高度！"智富称赞道，"确实，无论是新年、春节、生日，还是身份、工作的改变，这些都是新的开始。利用好这些新的开始，会有助于我们建立良好的习惯。"

渴望——让习惯有吸引力

"对于养老投资，有了新的开始还不够，我们怎样才能让长期不断地投资养老对现在的自己更有吸引力呢？你们听说过心理学中的普雷马克原理 (the Premack's Principle) 吗？"智富问道。

诱惑捆绑

"我听说过，"申泰回答道，"普雷马克原理，在心理学中又称'强化相对论 (the relativity theory of reinforcement)，指的是更渴望的行为可以加强不太喜欢的行为。简单地说，如果更渴望的行为，如和爱人看场电影，受不太喜欢的行为影响，如为养老存钱投资，那么不太喜欢的行为发生的概率将提高。"

"老同学，你说得太对了，例子也举得很好。我们可以通过所谓的'诱惑捆绑'，逼自己或他人做不太愿意做但又需要做的事情。我们其实经常使用这个策略，特别是对孩子。例如，要求孩子必须先做完作业才能打游戏，或者必须先吃一些素菜才能吃一块肉。沿用申泰的例子，想让长期养老投资更有吸引力，我们可以这么做——我们和爱人商量好，每个月拿到工资当日一起去看电影，但看电影之前，我们必须在各自的养老账户里存钱、投资。这样的'诱惑捆绑'会让我们的养老投资习惯更有吸引力。"

"老叔，我还没有谈恋爱。看来今后我只能和室友约好在一起看电影或撮一顿前，先要做好储蓄和投资。"

家人和朋友

"雅琪，你说到另外一个让习惯更有吸引力的点子上了。有三类人对我们习惯的形成影响特别大：我们亲近的人，如家人和好友；大众，如一大帮人；强有力的人，如影视明星。

"一般来说，我们和某人越亲近，我们就越有可能模仿他的一些习惯。一项开创性的研究[1]评估了由 12067 人在 32 年期间构成的社交网络，发现如果一个人有个朋友变胖了，那他变胖的概率会上升 57%；如果兄弟姐妹中的一个变胖了，其他人变胖的概率上升 40%；如果配偶变胖了，另一半变胖的概率则上升 37%。

"这和我们的老话'近朱者赤、近墨者黑'是相通的。你们还记得我之前提的《邻家的百万富翁》这本书吗？作者托马斯·斯坦利调研发现，富翁们通常对下面这三个问题的回答都是：'是！是！是！'——'你的父母是否非常节俭？你节俭吗？你的配偶比你节俭吗？'富翁之所以成为富翁不是偶然的，他们受父母和配偶的影响非常大。很难想象在一个家庭里，某人很节俭，但其配偶特别铺张浪费。

"这就是为什么我昨天问雅琪的室友是否节俭，是否有存钱的习惯，是否是个给予者。

---

1 Christakis, Nicholas A., and James H. Fowler. "The spread of obesity in a large social network over 32 years." *New England Journal of Medicine* 357, no.4(2007): 370-379.

"我们要形成一个好习惯，一个有效的方式就是加入一个具备这个习惯的人组成的团队或群体。"

"智富，我们的跑步团应该就是这样的团体，"子安点了点头说，"我们这些人都注重身体，特别爱跑步，而且每周能够固定地抽出两个晚上一起集训。我想，如果没有参加跑步团，我肯定不能坚持这么多年，马拉松的成绩也肯定不怎么好。"

"完全赞同，子安。我是 5 年前加入我们跑步团的，这 5 年我身体一直保持在最佳状态。我现在 46 岁了，可以说我现在的身体状态要好于我 30 多岁时的状态。我 30 多岁的时候，别说全马了，就是 5 公里跑下来都吃力。现在全马能在 3 个半小时内完成。养老是个终极长跑，投资身体就是最好的投资。这个我们在讨论投资无形资产的时候也特别提过。

"回到养老习惯的养成，**我们可以加入或自己组建一个养老投资群，可以请志趣相投的几个朋友或同事参加**。这个群不用大，甚至 2~3 人也可以。雅琪刚刚说的和室友一起，也未尝不可。"

观念转换

智富接着说："想让养老储蓄和投资更有吸引力，我们还需转换观念。克利尔在《掌控习惯》中讲了一位坐轮椅的人的动人故事，我想和大家分享一下。

"当这位残疾人被问及他是否因被困轮椅而备感困难时，他回答说：'我没有被困在轮椅上——我是被轮椅解放了。如果不是因为我的轮椅，我只能卧床不起，永远无法离开我的家。'这种观念上的转变彻底改变了他每天的生活方式。培养良好的养老习惯需要我们转变对增加当期储蓄和投资、延迟消费的观念：我们需要将存钱和未来的养老自由（美妙的事情）联系起来，而不是和限制消费（令人讨厌的事情）联系起来。

"我之前谈过'省钱六步练习法'。其中的第四步就是在脑海里'想想拥有绝对财富自由的感觉。想象如果你在经济上完全自由，你能享受、拥有、做、成为或给予什么？'第五步是决定哪一项对你更重要：是你从清单上的经常性支出中获得的快乐，还是今后绝对财富自由的感觉。其实这两步就是在帮助我们在脑海中将节省开支和未来的财富自由联系起来。"

回应——让行动轻而易举

"这些方法对我很有启发，"子安说，"那么你刚才提到的'回应'又是什么意思呢？"

"你的问题就是我马上要提到的，子安，"智富说，"养成好习惯的一个关键是创造一个环境，让做正确的事尽可能容易。为了实现有钱养老的目标，我们需要让养老投资尽可能地容易，让妨碍养老财富积累的行为尽可能地难。

"我前天曾提过的美国理财专家大卫·巴赫认为，任何投资规划如果需要很强的自律，而不是'自动地'实施，都会失败。他认为只要我们能够'自动地'将 10% 的税前收入投资养老（如通过个人养老金账户每个月自动投资 1000 元），'自动地'支付各种费用，'自动地'支付房贷，'自动地'捐赠……我们都会最终富有。

"巴赫的让一切投资和规划'自动'的观点是和克利尔主张的'让行动轻而易举'完全一致的。"

两分钟法则

智富接着说："克利尔有个两分钟法则：'当你开始一个新习惯时，它应该用不到两分钟的时间来开始。'例如，'每晚睡前阅读'变成'阅读一页'，'跑 10 公里'变成'系好我的跑鞋'。这个法则是让习惯尽可能容易开始。任何人都可以阅读一页书或系好鞋带。这是一个强大的法则，因为一旦你开始做正确的事情，继续做下去就容易多了。新习惯不应让人觉得是挑战。接下来的操作可能具有挑战性，但前两分钟应该很容易。你想要的是一种'入门习惯'，它自然会引导你走上一条更有成效的道路。

"我们刚才提到，将养老投资和月底工资发放挂钩，这种做法不但让养老投资这个习惯显而易见，而且让实际投资这个行动轻而易举。我们很多人现在在手机上就可以完成所有财务相关操作，从收到工资入账信息，到转账，到购买投资产品，相信两分钟之内就能完成。

"事实上，我们还可以让养老投资更加轻而易举——让养老投资自动化。现在，有不少手机应用提供'一键定投''工资理财'等服务。在'一键定投'中，有些还会帮你'智能定投'：当前的基金价格高于均线的时候就少投些，而低于均线时就多投些。

"由于我们的收入一般来说会随着年龄的增长而增长，我们可以随着收入的增长而同比例甚至是加大比例增加投资。不知道你们是否还记得，我在帮雅琪做购房基金预算的时候，假设她未来 10 年的税后工资增长 5%，并将工资增长部分的 50% 投资购房基金。基于第二个假设，雅琪投资购房基金的增长幅度是要超过 5% 的。实际上，在第二年，投资于购房基金的资金相比于第一年要增长 9.7%。

"对于养老投资，我们也应该在规划的基础上尽可能将投资自动化，包括根据收入的增长自动调整投资金额。"

多存钱，为明天

"诺贝尔经济学奖得主，理查德·塞勒和其合作者什洛莫·贝纳茨基于几个重要的心理学原理，设计了名为'多存钱，为明天'（Save More Tomorrow）的退休储蓄计划 [1]。该计划让员工提前承诺在未来加薪的同时增加退休金的储蓄比例。因为加薪和储蓄的增加是同步的，员工永远不会觉得增加储蓄比例后实得收入会下降，因而他们不会将增加的退休金

---

1 出自理查德·塞勒和卡斯·桑斯坦的《助推》一书。

储蓄视为损失。从心理学上，人们是厌恶损失的。如果增加退休金储蓄对他们来说不是损失，那何乐而不为呢？另外，在这个计划下，新员工加入公司的时候，将自动参加这个计划，不需要填写任何表格，除非员工主动要求退出。**'自动加入'让行动变得轻而易举**。

"在没有'多存钱，为明天'计划的时候，雇主会要求员工自己选择加入养老计划，但这么做，员工需要花时间去填写各种表格，不那么简单，很多员工因嫌麻烦，而放弃对自己有利的养老投资。塞勒研究发现，在员工选择加入的系统中，只有49%的员工在入职一年内加入了退休储蓄计划；而在'多存钱，为明天'的计划下，参与率跃升至86%，只有14%的人选择退出。

"虽然该计划是针对职业养老金（第二支柱）的，但我们个人在投资和管理个人养老账户的时候也可以借鉴该计划：**根据自己工资的增长及时更新自己的年度预算，不断上调长期储蓄和投资的比例，改变在相关账户中的自动投资设置。**"

奖赏——让奖赏令人满足

智富继续说："我刚刚谈了行为改变四法则的前三个：提示——让提示显而易见、渴望——让习惯有吸引力、回应——让行动轻而易举。这三个法则增加了这次行动得以实施的可能性。第四个法则'奖赏——让奖赏令人满足'则增加了下一次重复该行动的可能性。"

"老叔，刚刚您和申博士说到'诱惑捆绑'，是不是可以将'诱惑'理解为一种奖赏，而且是一种即时奖赏？我往养老账户存钱投资后，就和室友出去看电影或撮一顿作为奖赏。"

"是的，雅琪，这么理解也没有错。另一种奖赏是他人的赞许和幸福感的提升。举个例子。我们这些人，或早或晚都要赡养父母，我们之前也讨论过这个话题。其实，除非父母身体状况很糟糕了，很多时候他们更需要的是和我们经常性的沟通。

"我认识一个朋友。他之前特别爱喝咖啡。每天至少要花30元买咖啡。后来，他想了一个办法，在节俭的同时，还能够孝敬父母。每当他在外边有喝咖啡的冲动但抑制住的时候，他就给爸爸妈妈发一个30元的孝敬红包，微信问候两句。当他爸爸妈妈拿到红包时，总是特别高兴，他一天的心情也因此而特别开心。"

"这个点子不错，老叔。我也可以学学！"

"哈哈，凭我对你爸爸妈妈的了解，他们会将你给的孝敬红包存起来，等你结婚时做你的嫁妆。到时候你省下的咖啡钱又回到你的口袋了。"

"老叔！您真逗！"

"好了，不谈这个了。我们继续聊。和奖赏对立的是惩罚。我们都喜欢即时的奖赏，但厌恶惩罚。如果惩罚躲不掉，我们希望能够尽可能地推迟惩罚，而不是立刻接受惩罚。

"我们刚才提过利用团队的力量来帮助我们形成好的养老习惯。我们可以利用'承诺'和'厌恶损失／惩罚'来帮助自己形成长期的习惯。有研究显示：如果人们以口头或书面的方式做出承诺，他们更可能履行这样的承诺，因为人们希望自我形象能够前后一致。"

"我看过著名社会心理学家西奥迪尼的《影响力》一书，"申泰接过话说，"西奥迪尼在书中描述了六大影响他人的原则：承诺和一致是其中一大原则。让自己在承诺后（显得）前后一致是一种强有力的社会影响武器。即使最初的激励或动机在承诺后消失了，人们也将倾向于继续履行承诺。他在书中讲了个很有意思的故事。

社会心理学家史蒂文·谢尔曼 (Steven J. Sherman) 打电话给印第安纳州布卢明顿市的一些居民，请他们预测如果被要求花三小时为美国癌症协会筹款，他们会怎么说。这些居民中的许多人不愿意在电话中显得自己不热衷慈善，纷纷表示会成为志愿者。这种口头的承诺的结果是：几天后，美国癌症协会的一名代表打电话招募志愿者，志愿者人数增加了

700%。

"我强烈建议大家都看看这本书。查理·芒格在阅读了此书后，立刻给自己的子女每人买了一本，并且赠送给西奥迪尼一股伯克希尔股票以感谢他对自己及公众所做的贡献。按照 2023 年 6 月的股价，一股约值 50 万美元，这就是智慧的价值。"

"谢谢申博士的分享，很有意思！"智富说，"我们可以利用这个原则和厌恶损失原则，在养老投资群中，要求每个成员公开承诺每个月或每个季度的投资目标。如每个月工资的 10% 或 1000 元。同时，所有人都同意，如果某人当月未能实现承诺，该成员将支付给其他成员每人 50 元，或请大家吃一顿。罚款利用了另一个强大的心理学现象——人们厌恶损失！"

第六章

完美谢幕

为自己的谢幕做好准备

不再说话的亲兄弟

"申泰，我听说 10 多年前，你爸爸和兄弟姐妹因爷爷奶奶房产一事搞得很不开心。不知道这么多年过去了，他们之间的关系缓和了没有？"

"智富，你说的一直是我家的一块心病。都 10 多年了，我爸爸和叔叔一家还没有恢复来往。我爷爷过世得早，我叔叔一家一直住在我爷爷奶奶的房子里，他平常也照顾我奶奶多些。而我爸爸和两个姑妈都经常去看望奶奶，也时不时地将奶奶接过去住。爷爷奶奶的四个儿女都很孝顺，奶奶在世的时候他们之间关系也都很好。但未曾想，奶奶过世后，兄弟姐妹之间关系却搞得很糟糕。

"爷爷奶奶一辈子最主要的财产就是一套平房。我爸爸和两个姑妈成家后就搬出来了，而叔叔一家一直和奶奶住在里面。叔叔一直认为这套房子应该归他继承，户口本上也写着他一家和奶奶的名字。而我父亲则认为他是长子，而且几十年前房子翻新和加盖的时候，他出了很多力，无论如何，他应该可以分到部分财产。我的两个姑妈很孝顺，从她们参加工作开始，每个月都将工资的很大部分交给奶奶补贴家用，即使后来成家了，她们每个月也都会给奶奶钱，在奶奶生命的最后几年，她们每隔几天就去照顾奶奶，或将奶奶接到自己家里住一段时间。她们虽然嘴上不说，但心里也觉得奶奶百年后，自己应该分得一些财产。

"很遗憾，奶奶去世的时候没有留下任何有关如何处理房产的话。她走了没过多久，老房子要拆迁，按照当时的政策，可以分得两套房子和不少的现金。如何分配房子和现金直接导致了兄弟姐妹之间的不和。具体细节我不想说了，但每次想到这事，我心里都有些堵。"

"申泰，谢谢你的分享。其实，有太多的兄弟姐妹因财产继承问题、老宅拆迁分房问题而不和，甚至反目成仇，对簿公堂。"

证明我爸是我爸

"我们这一代和现在二三十岁的人很多是独生子女。独生子女虽没有兄弟姐妹争财产的问题，但很多问题如果不提前做好规划，将来也会非常头疼。就拿我们都认识的同学李杰来说，他是家里唯一的儿子。他爸妈吵了一辈子，老夫妻各有各的账户，而且在哪个银行开的户、里面有多少钱都相互瞒着，他们也没有将账户信息告诉李杰。半年前，老爷子在河边散步不小心滑倒，没过几天就走了。将老爷子送走后，李杰和他妈整理老爷子的东西，发现有三张银行卡。他们不知道里面有多少钱，更不知道卡的密码，而且他们也不清楚老爷子是否还有其他银行卡。为了这事，李杰不知跑了多少次银行和公证处。

"按银行规定，当事人去世后存款按照遗产处理，需要出具相关证明。李杰到公证处按法律规定申请办理继承权证明书，因为只有拿到这个证明书，银行才能办理过户或支付手续。公证书中写道：根据《继承法》《物权法》有关规定，李老先生留下的存款由李杰的母亲和李杰两人共同继承。公证书有了，但要从银行取钱出来还得两人都到场。李杰的母亲身体也不好，为了这几张银行卡，他们母子两个折腾得够呛。说来好笑，其中一个卡里只有 10 多块钱。"

"还有这事？"大家都觉得好笑。

"是啊！几个礼拜前他找我帮他做养老规划，向我倒了一大堆苦水。李杰的事还算好。有些人由于种种原因，还要跑派出所证明'我爸是我爸'，或者要证明已经过世多年的祖父母确实过世了，更是让人哭笑不得。

"我去年就碰到一位客户。他是家里独子。父亲过世时没有遗嘱，按照我国的《继承法》，**配偶、子女和父母为第一顺序继承人**。因此他要继承父亲的财产，需要获取父亲的父母，即他的祖父母放弃财产的证明。如果祖父母不在世，则需要提供死亡证明。我这个客户为了拿到祖母的死亡证明花了不少功夫。"

"老叔，我记得还有一件让人哭笑不得的事情。"雅琪说道，"2023年6月，一则冲上热搜的新闻是：哈尔滨市的一位79岁老人欲取离世儿子41万元存款被拒。原因是银行要求老人先证明她是死者的唯一继承人。由于公证需要提供很多证明，有些证明老人开不出，不得已，她向法院提起诉讼。最后法院根据村委会和派出所的一些证据，认定她儿子没有配偶也没有子女，儿子的父亲（她爱人）是先于儿子离世的。最终老人虽赢得了官司，但不得不支付律师费，并自愿承担了3725元的案件受理费。"

最糟糕的愚蠢错误

"谢谢雅琪，很好的例子。"智富接着说，"其实，只要我们做好一件事，这些纠纷就会少很多。我不说大家也都会知道——立好遗嘱。我自己也在40岁那年就立好了遗嘱，因为那年我生了一场大病，在医院里住了一个月，这让我意识到生命的脆弱。我们无法确定明天和意外哪个先来，所有人或早或晚都要离开，不再回来，再加上这些年我见了不少私人银行部的客户因家庭缺乏遗嘱或有遗嘱但不明确造成纠纷和官司，那次大病之后，我就在一个律师朋友的帮助下，立了一份遗嘱。在我的建议下，李杰也很快地立了遗嘱。

　　"美国理财专家吉尔·施莱辛格 (Jill Schlesinger) 在其《聪明人在钱方面做的蠢事》(*The Dumb Things Smart People Do with Their Money: Thirteen Ways to Right Your Financial Wrongs*) 一书中宣称：'**在你可能犯下的所有有关钱的愚蠢错误中，没有遗嘱无疑是最糟糕的。**'她认为，**首先，任何人都没有借口不设立遗嘱**。即使在律师费高昂的美国，请一名遗产律师起草一份简单的遗嘱所需的费用也只有几百至一千美元。家庭情况复杂的，可能会更贵些。其次，未能起草遗嘱并进行适当的遗产规划是非常自私、高度不负责任的行为，你的家人可能会因此付出很大的代价。

　　"根据某网站 2022 年的一项调查，虽然超过半数的美国成年人认为遗产规划比较重要，但目前只有 33% 的人拥有遗嘱或生前信托等遗产规划文件。而对于年龄在 35～54 岁之间的美国人来说，这个数字甚至更低，仅为 27%。"

　　"我想中国有遗嘱安排的人也不会太多。"申泰感叹道。

　　"是啊！中国人中有遗嘱的也是少之又少。截至 2021 年 12 月 31 日，中华遗嘱库登记保管了 22 万多份遗嘱。在中华遗嘱库设立的 8 年多时间里，立遗嘱的人在不断增多，平均年龄从 77.4 岁逐步下降至 68.6 岁。

　　"虽然中国立遗嘱的人在增多，但其占总人口的比例仍非常低。在传统习俗上，我们很忌讳谈论死亡和身后事，甚至连和'死'谐音的数字'四'都很忌讳。

　　"在过去的贫困时代，多数家庭都不富有，上一辈也没有太多财产给家人。但现在不一样了，一套房子就几百几千万元。而且最近几年拥有看不见摸不着的虚拟财产的人越来越多，这些财产的获取往往只要一个用户名和密码。如果我们不做好安排，将这些信息提供给继承人，很可能任何人都永远无法获得这些财产。

　　"举个前些年发生的例子，张益的姐夫在 2021 年因意外突然离世，留下了房产、存款和价值不菲的游戏账号。由于姐夫生前并未订立遗嘱，其名下的房子和存款只能按照法定继承进行分配。价值不菲的游戏账号，因无人知晓账号及密码而无法被继承。"

"有意思，我从来没有想过游戏账号还能继承！"雅琪感叹地说。

"一听就知道你不打游戏！"在一旁的子安打趣道。

需想清楚的问题

"处理好身后事，不单单是如何分配财产的问题。在正式起草遗嘱前，我们需要准备好或思考好以下的问题：

- **健康护理和临终关怀**：当你无法为自己的健康护理做出决定时，你是否会委托一位家人或朋友帮你做决定——是否拔掉插管，停止治疗？

  例如，我们可以事先明确要求如果昏迷不醒超过 2 周，医生认为醒过来的可能性不大或者已经是癌症晚期，继续治疗人会极度痛苦，医护人员应停止救治。如果家人不忍心，我们可以指定一个朋友帮忙做决定。

- **遗体处理、葬礼和墓地**：是否要捐赠器官？葬礼是从简还是隆重？骨灰盒的规格如何？墓地选在哪里？遗留的衣物是捐赠还是丢弃？是否要请人做法事？另外，还有遗体处理、租车、摆鲜花、购挽联的费用从哪里出？这些问题规划得越清楚越好。

  举个例子，某大学教授过世。火化后，他的儿子发现殡仪馆里的骨灰盒最便宜的一款也要 7000 元。一怒之下，教授儿子用塑料袋将父亲的骨灰带走了。如果在世的时候没有明确的安排，这些决定都需要亲人在悲痛之余不得不做出，对活着的人是不公平的。

- **如何分配财产**：你是想将财产全部留给配偶，还是在父母、配偶、儿女间分配？是留给儿女，还是直接给孙子辈？如果留给儿女，是否要写明只留给儿女，而不是他们的配偶？如果直接给孙子辈，他们是否须成年后才能继承？要留些财产给兄弟姐妹甚至是多年的好朋友吗？如果有多个儿女，是平等对待他们，还是给某个子女多些？这些问题通常是遗嘱中最核心的内容。

- **遗嘱执行人**：你打算指定谁作为遗嘱执行人？遗嘱执行人是指执行遗嘱内容、将遗嘱付诸实施的人。遗嘱执行人的主要职责是将遗嘱人的遗产清理登记并造册；保管各类遗产；依遗嘱的指定对遗产进行分割；发生纠纷时可以诉讼当事人的身份参与诉讼；严格按法律规定和遗嘱的内容执行遗嘱。

  遗嘱执行人可以为法定继承人或法定继承人以外的人。如果指定的遗嘱执行人为法定继承人，则该继承人不得拒绝；若指定的遗嘱执行人为法定继承人以外的人，则只有该人同意承担遗嘱执行的义务时，才为遗嘱执行人。

- **未成年子女的养育**：如果有未成年的子女，那万一不幸离世，谁来抚养他们？如果有配偶，这个问题还相对简单。但如果配偶也不在了，或离异再婚了，这个问题就复杂了。是指定爷爷奶奶、姥姥姥爷，还是现在的配偶、兄弟姐妹或好朋友作为孩子的监护人？"

"谢谢智富，你刚刚说的好多我之前都没有仔细想过。"申泰说道，"这些问题如果我们没有提前考虑清楚、安排好，万一出现问题，确实会给家人带来很多麻烦。我讲个身边的例子。我太太的亲叔叔很早就离异了，他一人带大女儿。很不幸，他在 50 岁的时候就过世了，当时女儿刚上高中。除了我岳父，叔叔还有一个哥哥和一个姐姐。他过世时，他的母亲，也就是我太太的奶奶还健在。由于叔叔没有留下遗嘱，就像智富你刚刚说的，叔叔的遗产应由第一顺序继承人，即**配偶、子女和父母**来继承。因此，按照法律，叔叔的遗产应该由自己的女儿和母亲来继承。而且继承法还规定，**同一顺序继承人继承遗产的份额，一般应当均等。**也就是说，我太太的堂妹和祖母应各继承一半遗产。而祖母有四个子女，如果祖母决定将自己的财产平均分给四个子女，其中去世叔叔的那份由堂妹继承，那么实际上，堂妹只继承了八分之五的财产，他的两个哥哥和一个姐姐各继承了八分之一。幸好，我岳父的几个兄弟姐妹关系很融洽，他们和祖母商量后，一致决定所有遗产归叔叔的女儿，在堂妹18岁前，由我岳父作为她的监护人。"

"谢谢你的分享，申泰！很好的例子。你岳父一家很和睦，这件事处理得很妥当。但不是所有兄弟姐妹都这么通情达理的，特别是牵涉大量财物的时候。现在在上海、北京这些一线城市，一套房子动辄几百万元甚至几千万元，如果没有事先安排好，遗产继承很可能会成为家庭冲突的一个导火索。"智富说道。

要准备的材料

智富接着说："另外，在准备遗嘱的同时，还需要准备以下材料，如有需要，这些信息可以锁在保险柜里，保险柜的密码或钥匙可交信得过的家人或朋友保管：

- 所有银行账户的信息（包括卡号、密码）、账户性质（活期、定期、理财、个人养老金等）；
- 所有投资账户信息（包括账户号、密码）、账户性质（股票、期货、信托等）；
- 所有购买的保险合同的信息；
- 所有对外借贷信息（包括借入了多少、借出了多少、何时到期、对方的联系方式等）；
- 所有应收/应付账款信息，举个例子，有些地方政府为了吸引企业落户，会针对企业的中高层员工提供税收方面的激励政策，如返还部分个人所得税，但很多时候，这种个税返还会延迟1~2年。在这种情况下，个人就有应收的'税收返还'；
- 所有著作权、专利权中的财产权利信息；

- 所拥有的房产、车位信息；

- 加密货币、游戏账户等虚拟财产的信息，截至 2021 年年底，中华遗嘱库共计收到 445 份遗嘱内容涉及虚拟财产，包括虚拟货币、QQ 号、网络游戏账号、微信账号、淘宝网店账号、支付宝账号等；

- 收藏的古董、贵重物品等信息；

- 所有自动付账的账户信息（水电气等）；

- 主要电子邮件、社交媒体的用户名和密码；

- 身份证 / 结婚证 / 离婚证 / 驾驶证等证件；

- 任何投资或经营的公司的相关文件；

- 其他投资的相关文件或信息。"

多种形式可选择

智富接着说："在正式订立遗嘱前，我们需要了解自 2021 年 1 月 1 日起施行的《民法典》中的第六编"继承"中的相关规定。《民法典》规定遗嘱的形式包括：

1. 自书遗嘱　即遗嘱人自己书写的遗嘱，由遗嘱人亲笔书写、签名，注明年、月、日。自书遗嘱是遗嘱人亲笔将自己的意思用文字表达出来，以书面的形式告诉他人自己的遗产怎么分配的遗嘱。

2. 代书遗嘱　即由他人代笔书写的遗嘱。代书遗嘱应当有**两个以上见证人**在场见证，由其中一人代书，并由代书人、其他在场见证人和遗嘱人**在遗嘱每一页上签名**，注明年、月、日。

3. 打印遗嘱　即由文件打印的形式订立遗嘱，但是要有**两个以上见证人在场见证**，遗嘱人和见证人应当**在遗嘱每一页签名**，注明年、月、日。

4. 录音录像遗嘱　即由录音录像设备录制下来的遗嘱人口授的遗嘱。应当有**两个以上见证人**在场见证，遗嘱人和见证人应当在录音录像中记录其姓名或者肖像，以及年、月、日。

5.口头遗嘱 即由遗嘱人口头表达、不以任何方式记载的遗嘱。遗嘱人在危急情况下，可以立口头遗嘱。口头遗嘱应当有**两个以上见证人**在场见证。危急情况消除后，遗嘱人能够以书面或者录音录像形式立遗嘱的，所立的口头遗嘱无效。

6.公证遗嘱 即遗嘱人经公证机构办理的遗嘱。

下列人员不能作为遗嘱见证人：无民事行为能力人、限制民事行为能力人以及其他不具有见证能力的人；继承人、受遗赠人；与继承人、受遗赠人有利害关系的人。因此，如果儿子是继承人之一，儿媳是不能作为见证人的。

《民法典》的'第六编'不再规定公证遗嘱效力优先。**遗嘱人可以撤回、变更自己所立的遗嘱。立有数份遗嘱，内容相抵触的，以最后的遗嘱为准。**"

"看来立遗嘱并不复杂啊！"申泰、子安和雅琪三人听完智富的分享，均对立遗嘱有了全新的认识。

"对多数人来说，并不是很复杂。但我想提醒几点：

第一，**无论你财产有多少，无论你年纪有多大，我建议你立刻立一个遗嘱。最好是在专业人士如律师的协助下立份遗嘱，以确保遗嘱格式、书写、签名等规范有效，而且内容明确，无疑义。**

例如，有老人在书写中，会用'我走了以后'或者'我离开以后'的表述，但实际上这两种说法并不一定代表死亡。法律规定，继承是发生在死亡之后的，所以这种不清晰的表达，可能会被判定无效。

再如，老人有两个儿子，但老人喜欢大儿子，自己立了遗嘱将自己和老伴的一套房子留给大儿子。但这份遗嘱所涉及的房产是老人和老伴的共有财产，老人在遗嘱中却处置了属于老伴的财产份额，因此遗嘱无效。

另外，**法律规定无民事行为能力人或者限制民事行为能力人所立的**

遗嘱无效。因此，如果被继承人在立遗嘱的时候有阿尔茨海默病的症状，即使遗嘱符合规范，也可能会被法院认定遗嘱无效。

第二，**如果家庭情况发生改变或自己遗赠意愿发生改变**（如生二胎了，老一辈有人过世了，某个继承人的情况出现重大改变，打算捐赠给某慈善机构等），**须及时更新遗嘱**。

第三，**除了在遗嘱中做好财产安排，我们还需要将自己在临终关怀、遗体处理、葬礼安排等方面的真实意愿和家人说清楚，而且要反复说清楚，不要将这些沉重的决定留给家人。**

第四，**最后，如果大家的父母还没有立遗嘱，我建议找个适当的时机和他们进行沟通。**沟通的时候要注意技巧，可以用朋友或同事的例子来说明没有遗嘱带来的各种问题和纠纷。如果一次沟通不行，我们可以反复沟通。当然，如果父母无论如何都听不进去，我们千万不要勉强他们。我们做了应该做的事情，尽了力就好。我和我爸妈沟通了不下 5 次，最终他们才答应立遗嘱。"

后记：实现有钱养老目标不是终点

三天的元旦假期很快就过去了。从 12 月 31 日的下午到第二年 1 月 2 日的晚上，智富向申泰、雅琪、子安和慧娴分享了自己对实现有钱养老这个目标的所思所想以及一些实战经验和技巧。

申泰是在金融行业有一定资历的数据专家；子安是创业失败后刚刚找到工作，并将迎来第一个孩子的准父亲；雅琪是刚刚走上工作岗位，对金融一窍不通的白领律师。这三人虽处于不同的人生阶段，有着不同的有形资产和无形资产的积累，但都陷入了不大不小的财务困境，而且都对养老的认识和准备不足。慧娴，子安的太太，是第二天才加入的。她是一家中型企业的人力资源经理，对养老的认识也很不足。

在这短短的两天半时间里，他们学到了财富管理和养老规划的几项基本原则，包括如何制作家庭净资产表和收支表、如何确立养老目标、如何制订预算、如何投资，以及如何养成好的养老投资习惯。

他们不只是学了，而且付诸行动了。雅琪在元旦当日就决定月底搬出现在的酒店公寓，和自己的大学同学合租一套房。子安和太太决定 1 月 3 日上班后就去将车卖了。申泰也和房产中介联系了，打算将自己的大房子出租，自己租一个一居室的小房子。

9 个月之后再相聚

时间一晃，9 个月过去了。子安和慧娴的孩子已经半岁了，他们热情邀请智富、申泰和雅琪国庆假期到他们家聚会。国庆日，三人欣然赴约。

智富是邻居，已经见过孩子几次了。申泰和雅琪则是第一次见，少不了逗孩子玩。过了好一会儿，大家才坐下来聊天。

"我先向大家汇报一下近况。"申泰笑着说，"我几个月前加入了一所大学，重新回到老本行当教授。我现在是一半的时间授课，一半的时间做研究。收入虽然不及在投资公司时高，但过得很充实，再也没有'走错地方，有力使不上'的感觉了。另外，听从智富在元旦给出的建议，我2月就将自己的房子出租了，我现在住在学校边上的一个不错的一居室里。通过这样的'置换'，加上住房公积金，我还房贷就没有任何压力了。我现在每个月将税后收入的50%作为第一笔'支出'，用在养老、子女教育和赡养基金的投资上。"

"太好了，老同学，真替你开心。"智富说。

"我也来汇报一下！"雅琪举起手说，"我1月底就和大学同学合租了，并且一直很注意'节俭'和'开源'。原来我是如假包换的'月光族'，现在我不但有了2.5万元的应急基金，而且每个月都向个人养老金账户、购房基金账户和单独的养老基金账户投资。财务稳定了，我工作也心定许多。我最近做的几个案子都做得不错，我的领导已经暗示我年底会给我涨工资了！"

"太棒了！"众人齐说。

"我和子安过去半年都围着孩子转，工作也没有变动。"慧娴接过话说，"但我们很感激智富的建议。自从1月初将车卖掉后，我们的财务压力一下子小了很多。不但还清了车贷和高息的私人贷款，而且还多出好几万元。本来我们是想用这几万元来请月嫂的，但我妈妈心疼我，她照顾了我一百天。我们将省下来的钱一半帮孩子设立了一个教育基金，另一半投到我们两人的个人养老金账户了。另外，我们也将车位出租了。车位租金足够我们两人的通勤费了。"

有钱养老不是终点

"真是太棒了！真替你们开心！"智富开心地拍着手说，"看来元旦假期的两天半时间真没有白费。

"但我想提醒一句：有钱养老不是终点。即使我们财富自由了，不用担心养老、子女教育、赡养父母这些重要财务目标了，我们也应时刻牢记：节俭＋存钱、远离负债、开源、长期投资、守住财富和给予这'六大法宝'。大家别忘了我当时举的例子，泰森20岁的时候就财富自由了，一辈子赚了4亿美元，但后来还不是申请破产？

"我们要始终坚持投资六原则：投资决策要与财务目标相匹配、资产配置是王、投资自己最重要、认清自己、给自己留余地、弄清投资的游戏规则。

"别忘了，**成功是日常习惯的产物，而不是一次性突变的结果。我们最终的财富是几十年日常财务习惯积累的长期结果。**

"**与实现有钱养老这个目标相比，建立一个适合自己的、包括财务规划和财富管理与投资在内的体系更为重要。**引用詹姆斯·克利尔在《掌控习惯》书中的话：'目标是你想要实现的结果。体系是导致这些结果的过程。'建立适合自己的财富管理体系在长寿时代尤为重要。我们不想在80岁的时候，因缺乏自律大肆挥霍，或加杠杆投机，或因轻信'专家'的建议，而未能守住财富，而不得不担心是否有足够的钱健康地活下去。"

"您放心，老叔！如果我们能够常聚，如果您能时常提醒我们、指点我们，我们不但能早日实现有钱养老，而且也会建立一套适合自己的财富管理体系！当然了，您不能收费啊！我现在特别节俭，没钱请大家在外边吃饭，但可以在家为大家做一桌菜！"

"调皮！"众人齐笑着说。

美好生活的根源

智富说："《未来简史》的作者尤瓦尔·赫拉利认为，人类在21世纪有三大发展议题：对抗衰老与死亡、找出幸福快乐的根源和具有神性。"

申泰有点严肃得说，"我不清楚我们未来是否会永生，是否会具有神性，但科学家们已经接近找到幸福快乐的根源。

"从 1938 年至今，哈佛大学跟踪研究了两组共 724 位男性。第一组是 268 位当时哈佛大学二年级的学生。这些学生有部分来自富裕家庭，其中包括后来成为美国总统的约翰·肯尼迪，但至少有一半的学生需要通过奖学金和打工才能在哈佛就读。

"第二组是 456 位波士顿一些最困难家庭和最贫穷地区长大的孩子。超过 60% 的孩子父母中至少有一位是移民。

"现在，哈佛大学第四代研究者正在研究数千位这些男性的子女和孙子孙女们。这项持续 80 多年的跟踪研究的一个最根本发现就是：**良好的关系让我们更快乐、更健康、更长寿。**

"财富很重要。平均而言，第一组男性的收入要明显高于第二组男性，并且寿命要长 9.1 年。但一旦财富积累到一定程度后，我们的健康和快乐程度就基本不会随着财富的增加而有显著改变了。

"拥有美好生活的人是那些和家人、朋友、同事保持良好关系的人。该项目的第四代研究负责人罗伯特·瓦尔丁格 (Robert Waldinger) 和马克·舒尔茨 (Marc Schulz) 在《美好生活：哈佛大学跨越 85 年的幸福研究启示》(*The Good Life: Lessons from the World's Longest Scientific Study of Happiness*) 一书的最后是这么说的：

如何在通往美好生活的道路上走得更远？首先，要认识到美好生活并不是目的地。重要的是道路本身，以及与你同行的人。在你行走的过程中，日复一日、年复一年，你可以决定你的注意力放在什么人身上，放在什么事上；你可以考虑你的人际关系优先级，选择与重要的人在一起；你可以在丰富生活和培养人际关系的过程中找到目标和意义。通过培养好奇心和接触他人——家人、爱人、同事、朋友、熟人甚至陌生人——每次都问那个深思熟虑过的问题，每次都有片刻的投入与真诚的关注，你就会为美好生活夯实基础。

　　"在过去9个月里我一直在思考：我们做好财务规划、学会财富管理最终是为了什么？我们实现了养老自由、财富自由又是为了什么？难道不是为了过上幸福美好的生活吗？"

　　"说得太好了！老同学！愿我们都过上幸福美好的生活！"智富竖起拇指赞道，"哈佛大学的研究其实和我们在元旦时提到的'身后归零'的观点是一致的——我们的人生目标应该是最大限度地提升生活体验。我们不是生活在真空中，对于我们绝大多数人来说，拥有良好的关系就是积极的生活体验。"

　　"9个月前智富两天半的分享和今天的聚会其实就是美好生活的一部分！就是积极的生活体验！"子安和慧娴一同竖起了大拇指。

　　"我的人生因你们而精彩！"雅琪喝彩道。